重庆市社科规划项目（2017YBGL163）、中国国家留学基金项目、中国科协决策咨询专家团队项目资助

科技创新与产业融合背景下重庆市人才发展战略研究

万玺 ◎ 著

西南交通大学出版社
·成都·

图书在版编目（CIP）数据

科技创新与产业融合背景下重庆市人才发展战略研究 / 万玺著. -- 成都：西南交通大学出版社，2025.5.
ISBN 978-7-5774-0438-7

Ⅰ.G316

中国国家版本馆 CIP 数据核字第 2025GF4776 号

Keji Chuangxin yu Chanye Ronghe Beijing Xia Chongqing Shi Rencai Fazhan Zhanlüe Yanjiu
科技创新与产业融合背景下重庆市人才发展战略研究

万　玺　著

策划编辑	秦　薇
责任编辑	郭发仔
助理编辑	黎　赞
责任校对	左凌涛
封面设计	成都三三九广告有限公司
出版发行	西南交通大学出版社 （四川省成都市金牛区二环路北一段 111 号 西南交通大学创新大厦 21 楼）
营销部电话	028-87600564　028-87600533
邮政编码	610031
网　　址	https://www.xnjdcbs.com
印　　刷	成都蜀通印务有限责任公司
成品尺寸	170 mm × 230 mm
印　　张	12.25
字　　数	208 千
版　　次	2025 年 5 月第 1 版
印　　次	2025 年 5 月第 1 次
书　　号	ISBN 978-7-5774-0438-7
定　　价	79.00 元

图书如有印装质量问题　本社负责退换
版权所有　盗版必究　举报电话：028-87600562

前言 PREFACE

当今世界，科技创新与产业融合已成为推动经济社会发展的核心驱动力，全球化和数字化变革正在重塑各国的竞争格局。在这一背景下，人才作为第一资源，不仅是创新活动的根基，而且是区域经济转型升级的关键。重庆市作为中国西部发展的桥头堡，肩负着科技创新引领和产业结构优化的双重使命。然而，在这一复杂多变的全球环境下，如何通过战略性的人才发展规划，提升区域的核心竞争力，已经成为重庆市亟待解决的重要课题。

本书以"科技创新与产业融合背景下重庆市人才发展战略研究"为题，旨在系统分析重庆市在科技创新与产业融合过程中人才发展的现状、挑战与对策。全书共分为七个章节，涵盖理论基础、产业现状分析、人才发展战略、高层次人才引进、实施路径、未来展望和政策建议等内容。在编写过程中，作者团队广泛收集了重庆市相关政策文件、研究报告和新闻资料，力求内容的准确性和时效性。

撰写本书的过程充满了挑战。著者虽无东坡居士"莫听穿林打叶声，何妨吟啸且徐行。竹杖芒鞋轻胜马，谁怕？"的洒脱与豪迈，但也尽到了研究者的本分，面对浩如烟海的理论文献和不断更新的政策动态，团队不仅要深入研究重庆市科技与产业的现状，还要持续跟踪最新的技术发展与产业趋势。更为复杂的是，人才发展作为一个多维度的课题，涉及经济、教育、社会等多方面因素的相互作用，需要我们在有限的时间内系统梳理并整合这些繁杂的信息，提出具有前瞻性和可操作性的建议。

同时，撰写过程中的数据收集和实地调研也极具难度。尽管我们在撰写过程中努力访问了大量政策文件、研究报告，甚至亲赴各个企业、科研院所进行访谈与调研，但依然感受到关于人才发展的统计数据的不足，以及在政策实施与实践层面存在的巨大差异。如何在理论与实践之间找到平衡，既反映现实情况，又不失学术深度，是团队面临的最大考验。尽管如此，经过长时间的艰苦努力，"回首向来萧瑟处，归去，也无风雨也无晴"。本书迎来了最终的完稿。

在撰写过程中，我们始终秉持着问题导向与前瞻性的视角，力求为重庆市的未来发展提供一份可操作、可持续的人才发展蓝图。希望本书不仅能为政策制定者提供参考，也能为各界学者与产业界人士在人才战略方面的研究与实践提供启发与借鉴。

本书在搜集资料过程中，参考了国内外很多学者的论著，受益匪浅。在撰写过程中，得到了教育部国家留学基金委员会、重庆市社会科学界联合会、重庆欧美同学会（重庆留学人员联谊会）、重庆市委组织部、重庆市人力资源社会保障局、重庆科技大学、重庆科技创新与产业融合发展研究院等许多同志的大力协助，还有很多朋友付出了心血。在此，著者向这些没有一一指明的朋友们的无私帮助表示深深的感谢。同时限于作者学术水平，书中不足之处在所难免，恳请大方之家指正。

著　者

2024 年 10 月

目 录

第 1 章 绪 论 ·· 001
- 1.1 研究背景 ·· 001
- 1.2 研究目的与意义 ·· 005
- 1.3 研究内容 ·· 006

第 2 章 科技创新与产业融合的理论基础 ··························· 009
- 2.1 科技创新的基本概念与内涵 ·································· 009
- 2.2 产业融合的基本理论 ··· 021
- 2.3 人才战略在科技创新与产业融合中的作用 ········· 026

第 3 章 重庆市产业发展与布局 ·· 044
- 3.1 重庆市经济产业发展情况 ····································· 044
- 3.2 重庆市制造业重点支柱产业发展情况 ················· 048
- 3.3 重庆市制造业的产业布局 ····································· 051
- 3.4 科技创新与产业融合发展的现状 ························· 055
- 3.5 科技创新与产业融合背景下的人才需求 ············· 060

第 4 章 重庆市高层次人才引进岗位分析 ··························· 064
- 4.1 国际机器人产业知识图谱的绘制与分析 ············· 064
- 4.2 重庆市机器人产业知识图谱的绘制与分析 ········· 071
- 4.3 国际人工智能知识图谱的绘制与分析 ················· 082
- 4.4 国内人工智能研究分析 ··· 091
- 4.5 产业薄弱知识节点判别与引进岗位分析 ············· 098

第 5 章　基于知识图谱构建产业人才地图的技术与方法 …… 104
5.1　知识图谱的概念与发展 …… 104
5.2　人才地图的定义与应用 …… 105
5.3　知识图谱与产业人才需求分析的关系 …… 107
5.4　产业人才需求分析 …… 108
5.5　知识图谱的构建技术 …… 121
5.6　产业人才地图的定义与特征 …… 127
5.7　产业人才地图的构建步骤 …… 128
5.8　产业人才地图的应用效果评估 …… 131

第 6 章　重庆市人才发展战略实施路径 …… 135
6.1　政策设计与优化 …… 135
6.2　人才政策评估与优化 …… 142
6.3　区域合作与国际化战略 …… 150
6.4　创新生态系统的构建 …… 154

第 7 章　未来展望与政策建议 …… 159
7.1　科技创新与产业融合趋势下的人才战略展望 …… 159
7.2　对政府与企业的政策建议 …… 165

参考文献 …… 172

第1章 绪 论

1.1 研究背景

1.1.1 科技创新和产业创新深度融合是新质生产力发展的基本要求

"中国式现代化要靠科技现代化作支撑,实现高质量发展要靠科技创新培育新动能。"在全国科技大会、国家科学技术奖励大会、两院院士大会上,习近平总书记精辟论述了科技的战略先导地位和根本支撑作用,围绕"扎实推动科技创新和产业创新深度融合,助力发展新质生产力"作出了重大部署,深刻阐明了融合的基础、融合的关键、融合的途径。

按照习近平总书记重要指示精神和中央决策部署,重庆市委、市政府审时度势,坚持问题导向与目标导向相统一,着眼固根基、扬优势、补短板,在西部创新中心的基础上,明确提出了建设具有全国影响力的科技创新中心和人才平台的具体目标。

2021年5月17日,市委五届十次全会强调,深入实施创新驱动发展战略,加快建设具有全国影响力的科技创新中心。市委五届十次全会审议通过的《关于深入推动科技创新支撑引领高质量发展的决定》提出:到2025年,初步形成具有全国影响力的科技创新中心框架体系和核心功能。全市全社会研发经费投入年均增长10%以上,科技体制机制改革取得实质性进展,使重庆加快成为更多重大科技成果诞生地和全国重要的创新策源地。产业科技创新在全国有鲜明特色,大数据智能化应用走在全国前列,数字经济核心产业增加值占GDP比重超过10%,现代化经济体系初步形成。到2035年,力争整体创新水平进入全国科技创新第一方阵,科技实力和产业核心竞争力在全国处于先进行列，基本建成具有全国影响力的科技创新中心。

2021年11月22日，市委人才工作会议强调，加快建设全国重要人才高地（按照要求应规范为"人才平台"），为建设世界重要人才中心和创新高地作出应有贡献。市委、市政府《关于加强和改进新时代人才工作的实施意见》提出：到2025年，人才资源总量超过660万人。科技创新主力军队伍建设取得重要进展，战略科技人才、一流科技领军人才和创新团队、青年科技人才数量明显增加，每万名就业人员中研发人员比例、每万人中工程师数量、高技能人才占技能人才的比例不断提高。人才自主培养和集聚能力不断增强，高水平大学、高新技术企业和专精特新企业、一流科研机构建设取得积极进展，拥有一批"卡脖子"关键核心技术攻关人才。到2030年，适应高质量发展的人才制度体系基本形成，全国重要人才高地（按照要求应规范为"人才平台"）建设取得标志性成果，创新人才自主培养和集聚能力显著提升，在数字经济、先进制造、军民融合、医疗卫生、"双碳"等重点领域有一批领跑者、开拓者。到2035年，在诸多领域形成人才竞争比较优势，建成全国重要人才高地（按照要求应规范为"人才平台"），成为世界重要人才中心和创新高地的战略支点。

2024年4月习近平总书记在重庆考察时强调，加强重大科技攻关，强化科技创新和产业创新深度融合，积极培育新业态新模式新动能，因地制宜发展新质生产力。从产业顺畅循环和高质量发展的维度看，更好推动科技创新和产业创新深度融合，把创新链和产业链的关联、转化途径建设得更通畅，是激发产业活力、持续获取发展动能的必要条件。

1.1.2 重庆扎实推进科技创新和产业创新深度融合

2024年，中共重庆市委六届五次全会制定了加快打造西部地区高质量发展先行区、内陆开放国际合作引领区、全面深化改革先行区、超大城市现代化治理示范区、城乡融合乡村振兴示范区、美丽中国建设先行区"六个区"的"施工图"（如图1.1）。其中打造西部地区高质量发展先行区，将加快构建现代化产业体系，强化科技创新和产业创新深度融合。

对于推进科技创新和产业创新深度融合，破解科技与产业"两张皮"问题。重庆市委一体谋划构建"416"科技创新布局与"33618"现代制造业集群体系，着力以科技创新推动产业创新，以科技创新引领现代化产业体系建设。重庆市委六届五次全会对这一部署进一步细化，明确具体工作抓手。围绕产业链部署创新链上，部署技术迭代升级应用场景，开发拓展更多的新应用场景，推动新技术在场景中示范、验证、迭代，加速原始性创新、关键技术突破和重大技术应用。部署产品迭代升级闭环链条，强化企业创新主体地位，推动各类企业研发机构建设，探索产业技术研究院多元发展模式，构建从科技研发到用户反馈的产品迭代升级闭环链条。部署行业迭代升级创新综合体，支持领军（链主）企业联合行业上下游、产学研力量构建体系化、任务型的产业创新综合体，努力聚合全国乃至全球相关创新资源。在围绕创新链布局产业链上，提升产业链生成控制能力，持续优化"产业研究院+产业基金+产业园区"产业生成生态，推动更多前沿科研成果从"实验室"走向"生产线"，从"书架"搬到"货架"，源源不断地生成一批高新技术企业。提升产业链源头控制能力，支持企业开展技术攻关、中试验证、标准研制和产品开发，推进先进技术和产品向标准转化，主导和控制技术进步的方向和节奏。提升产业链基础控制能力，健全关键技术攻关"揭榜挂帅""赛马"机制，集中优质资源合力攻关，着力提升基础零部件等产业基础创新能力，突破一批基础产品，推进产业链布局重构。以更大力度、更大诚意、更实的举措引进培养"高精尖缺"人才，把规模宏大、结构合理、素质优良的人才队伍对接到创新链、产业链各个环节中。

图 1.1 重庆市委六届五中全会确定的重庆"六个区"规划

1.1.3 重庆市推进科技创新和产业创新深度融合优势显著

重庆市推进科技创新和产业创新深度融合，具有五大比较优势。一是战略机遇优势。西部大开发、陆海新通道、长江经济带和推动成渝地区双城经济圈建设等重要战略纵深推进，特别是习近平总书记多次对重庆工作作出重要指示批示，为重庆提供了重大机遇和优势，吸引了众多知名高校、科研院所和企业先后布局，人才创新创业的平台更加丰富、前景更加光明。二是特殊区位优势。重庆是西部大开发的重要位置，处在"一带一路"和长江经济带的联结点上，承启东西、牵引南北，是国家东西互济、海陆统筹要地，可以汇聚更多科技创新资源要素，推动科技创新开放合作。三是产业发展优势。作为曾经的六大老工业基地之一，重庆不仅产业基础雄厚，行业门类齐全，产业体系也较为完备。在电子、汽摩、装备、消费品等领域具有扎实的产业基础。特别是，近年来重庆深入实施以大数据智能化为引领的创新驱动发展战略行动计划，加快数字产业化、产业数字化，为科技创新和人才集聚开辟了空间、提供了支撑。四是人才集聚优势。近五年，重庆市人才净流入态势明显，全市人力资源从 512 万人增长到 565 万人、增幅达到 10%，科技人力资源总量达到 272 万人。五是良好生态优势。重庆具有好山好水的自然基础，生态环境日益改善，同时这几年创新生态也在不断优化，使得科学家、投资者、创业者纷至沓来。如图 1.2 所示。

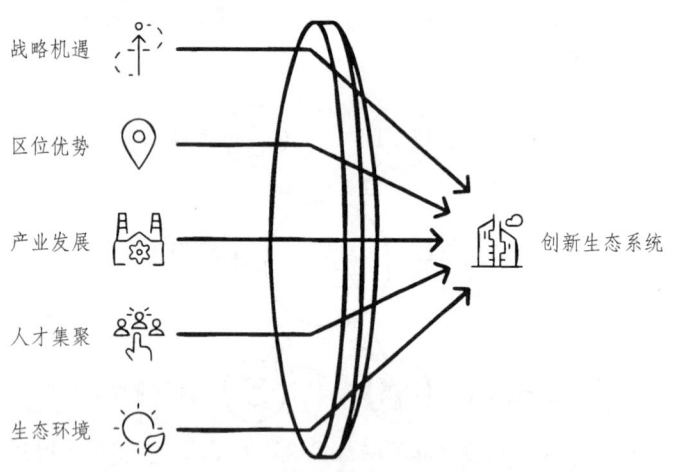

图 1.2 重庆推进科技创新和产业融合的优势

综合而言，作为西部创新中心和全国制造业中心，重庆的创新驱动发展正处在爬坡过坎的关键时期，急需大量人才支撑。

1.2 研究目的与意义

1.2.1 研究目的

重庆市作为中国西部的重要经济中心和科技创新基地，面临着科技创新与产业融合的双重挑战和机遇。随着国家对西部大开发和科技创新的政策支持，重庆市在科技创新和产业转型方面取得了显著进展。众所周知，人才是科技创新和产业融合的核心要素，高质量的人才资源对于实现重庆市的经济转型和发展战略至关重要。如何有效地引进、培养和留住人才，成为推动区域经济和科技创新发展的关键问题。因此，探索和制定适应科技创新与产业融合背景的人才发展战略，对于提升重庆市在全国乃至全球经济中的竞争力具有重要意义。

1.2.2 理论与实践意义

本著作的理论意义在于：

第一，丰富人才理论研究，深化对科技创新与产业融合背景下的人才发展理论理解，推动相关领域的理论创新。

第二，构建适应重庆市经济社会发展需求的人才发展框架，提出针对性理论模型，促进人才培养与产业创新的有效对接。

第三，促进多学科交叉研究，将科技、经济、教育等领域进行融合，推动知识体系的更新与完善，为政策制定提供理论支持。

本著作的实践意义在于：

第一，提升人才培养质量，根据研究结果优化教育资源配置，提高人才培养的针对性与有效性，以满足科技创新和产业发展的需求。

第二，促进产业转型升级，推动企业与高等院校、研究机构的合作，增强人才与产业的良性互动，提升整体产业竞争力。

第三，优化人才引进政策，为重庆市提供实证依据，吸引高层次、急需的人才，加快人才集聚，促进地方经济发展。

1.3 研究内容

1.3.1 研究内容与主要观点

研究总体上由理论、实证和对策研究三大部分组成，主要分析回答科技创新和产业融合对人才需求的影响，提出切实可行的人才引进、培养和激励策略。

党的十八大以来，我国各地区对人才的重视程度、开放程度明显提升，体制机制改革进一步深化，全国兴起一股爱才、引才、惜才的浪潮，但各地在引才育才过程中仍存在人才目标不明确、引才渠道不畅通以及人才匹配度不高的问题，即"需要引进什么人才""所需人才从哪里引进"以及"哪些人才更适合我"的问题。因此必须通过提供精准引才、高效用才、客观评价于一体的全流程产业科技人才解决方案，紧密服务于区域产业发展，为当地高层次人才引进提供智力和技术支持，实现"人才建设带动产业升级"，推动城市发展，助力经济发展腾飞，这也是本书的研究的出发点。本书的研究路线图如下图 1.3 所示。

本书主要观点包括三个：

第一，精准对接人才与产业需求，本项目大体分为产业分析、引才需求侧分析、引才供给侧分析、引才政策评估四个模块，产业分析是后续引才工作的基础，引才需求侧分析和供给侧分析为引才的方向和渠道提供指导，引才政策评估是引才工作的效果反馈。确保人才引进与实际产业需求相匹配。

第二，探索跨界合作新模式，促进企业、高校和研究机构之间的多元化合作，推动科技成果的转化与应用，实现资源共享与优势互补。

第三，构建完整的人才生态系统，形成教育、科研、企业与政府之间的良性互动，鼓励创新文化的形成，并设计灵活的人才引进与激励政策，以吸引和留住优秀人才。

1.3.2 研究方法

研究方法以多学科交叉研究为基础，结合定量与定性分析，综合运用多种工具和方法展开深入研究。以下是主要的研究方法：

第1章 绪 论

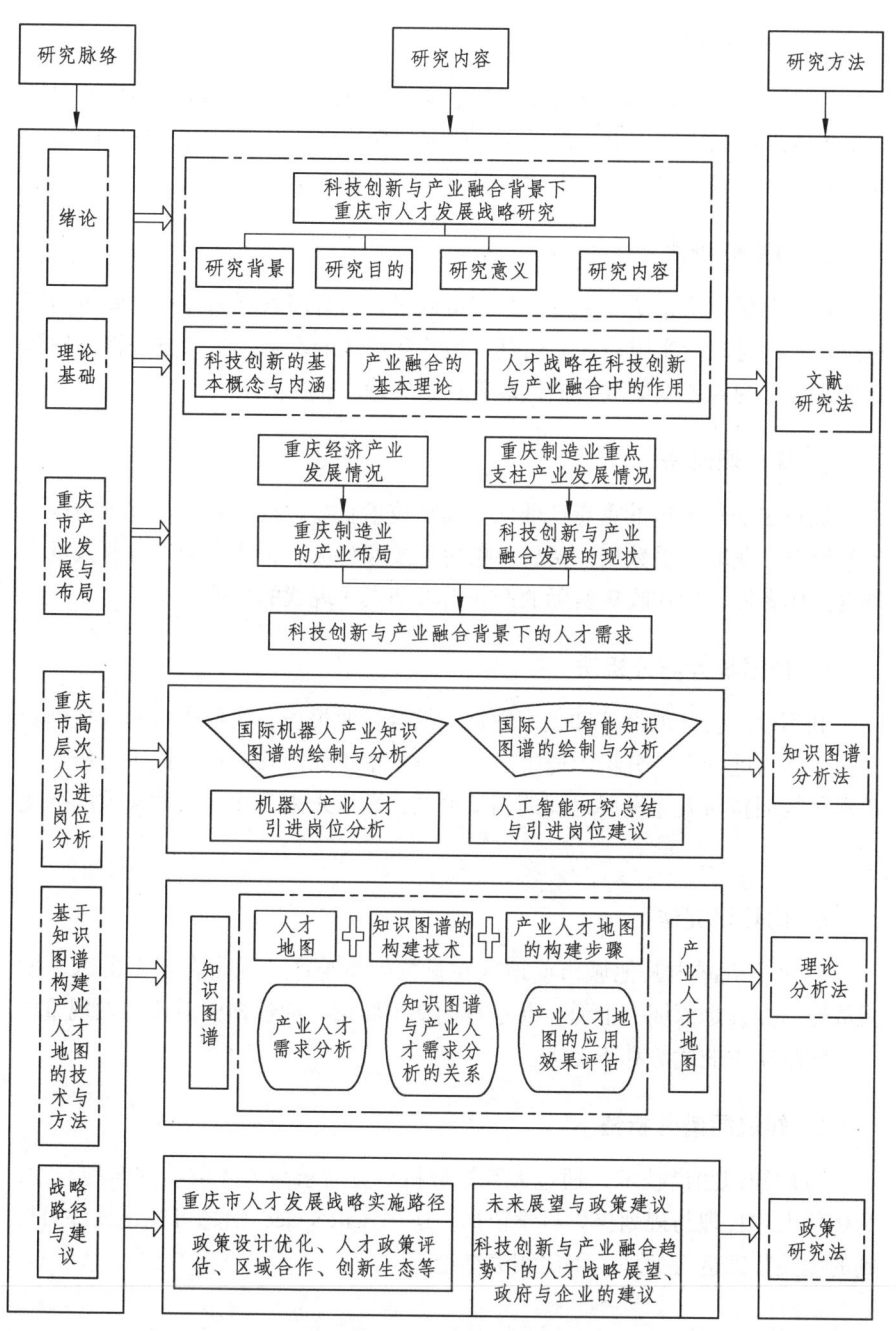

图 1.3 研究路线

研究脉络： 绪论 → 理论基础 → 重庆市产业发展与布局 → 重庆市高层次人才引进岗位分析 → 基于知识图谱构建产业人才地图的技术与方法 → 战略路径与建议

研究内容：

科技创新与产业融合背景下重庆市人才发展战略研究
- 研究背景、研究目的、研究意义、研究内容

- 科技创新的基本概念与内涵
- 产业融合的基本理论
- 人才战略在科技创新与产业融合中的作用

- 重庆经济产业发展情况
- 重庆制造业重点支柱产业发展情况
- 重庆制造业的产业布局
- 科技创新与产业融合发展的现状
- 科技创新与产业融合背景下的人才需求

- 国际机器人产业知识图谱的绘制与分析
- 国际人工智能知识图谱的绘制与分析
- 机器人产业人才引进岗位分析
- 人工智能研究总结与引进岗位建议

知识图谱：人才地图 + 知识图谱的构建技术 + 产业人才地图的构建步骤
- 产业人才需求分析
- 知识图谱与产业人才需求分析的关系
- 产业人才地图的应用效果评估
→ 产业人才地图

- 重庆市人才发展战略实施路径：政策设计优化、人才政策评估、区域合作、创新生态等
- 未来展望与政策建议：科技创新与产业融合趋势下的人才战略展望、政府与企业的建议

研究方法： 文献研究法 · 知识图谱分析法 · 理论分析法 · 政策研究法

1. 文献综述法

系统收集和整理国内外关于科技创新、产业融合与人才战略的相关文献，提炼关键理论和研究成果，以建立本研究的理论框架。通过对比分析国内外相关政策，探索不同区域的人才发展模式，为重庆市的研究提供借鉴。

2. 政策分析法

深入分析重庆市历年来的人才引进政策，结合国家层面和地方政策的演进过程，探讨政策实施对人才引进、培养和留住的影响。这一方法将为理解重庆市现有的人才发展战略提供政策背景支持。

3. 实地调研法

通过走访重庆市的重点产业区、高新技术企业、科研院所，进行访谈与问卷调查，获取一手数据。调研对象包括政府官员、企业高管、科研人员、教育工作者等，旨在收集实际的产业需求和人才现状的反馈。

4. 数据统计与分析法

利用政府公开的经济和人才数据，结合行业报告，对重庆市的科技创新与人才结构进行定量分析。通过统计分析模型（如回归分析、因子分析等）揭示科技创新与人才发展之间的相互关系，预测未来产业和人才需求的变化趋势。

5. 比较研究法

对比分析国内其他城市或地区在科技创新与产业融合背景下的人才发展战略，尤其是深圳、上海、北京等创新型城市，通过横向对比，发现重庆市人才战略中的优势和不足。

6. 知识图谱分析法

应用知识图谱技术，通过大数据分析行业需求与人才供给的匹配程度，为优化人才管理与规划提供科学依据。运用 CiteSpace 信息可视化软件对得到的相关数据进行处理，得出相关结论。

第 2 章
科技创新与产业融合的理论基础

2.1 科技创新的基本概念与内涵

2.1.1 创新与科技创新

创新作为推动社会进步和经济发展的核心驱动力,不同学者和机构从不同角度对创新进行了定义,以下是对创新的代表性定义。经济学家施姆普特（Joseph Schumpeter）认为创新是将新生产要素、新生产方式、新市场、新原材料来源或新的组织形式引入经济活动,突出其对经济变革的深远影响。他认为创新是经济发展的核心动力,企业家通过引入新产品、新工艺和新市场,推动经济增长和结构变迁。他强调创新不仅仅是技术的改进,也包括新的商业模式和市场结构优化。亨利·明茨伯格（Henry Mintzberg）在管理和组织创新领域的研究强调了管理者在创新过程中的角色。他提出了"适应性战略"的概念,认为创新需要灵活的管理结构和适应变化的能力。克莱顿·克里斯滕森（Clayton Christensen）提出了"颠覆性创新"理论,认为小型企业通过引入新技术或商业模式,可以在大企业未能满足市场需求的细分领域中获得成功,最终颠覆传统企业。他强调关注用户的未满足需求是创新的关键。彼得·德鲁克（Peter Drucker）认为创新是企业管理的核心,强调"创新是企业生存与发展的根本"。他认为创新不仅是技术层面的进步,更是管理思想和方法的革新。迈克尔·波特（Michael Porter）提出了竞争优势理论,认为企业通过创新可以形成独特的价值主张,从而在市场中取得竞争优势。他强调创新与战略的结合,认为创新是实现持续竞争优势的关键。斯科特·普利斯基(Scott Plous)关注社会创新,认为创新不仅限于商业和技术,也包括社会和环境方面的创新。他强调社会创新在解决社会问题和推动可持续发展中的重要性。亨利·查尔斯(Henry Chesbrough)提出了"开放式创新"概念,认为企业应开放其创新过程,积极寻求外部的知识和资源,与外部合作伙伴共同开发新产品和服务。迈克尔·特恩(Michael Tushman)的研究集中在组织创新与变革管理上,他强调组织结构、文化和领导力对创新能力的影响,认为组织需要在维持稳定与促进创新之间找到平衡。战略管理学者卡普兰(Robert Kaplan)指出,创新是利用新知识、技术或方法推动组织变革和改善业务绩效的过程,强调了创新对组织内部变革和运营效率的提升。这些定义共同构建了对创新的全面理解,涵盖了其在技术转化、经济变革、市场需求、社会价值和组织变革中的多重作用。

综上所述,科技创新就是指通过创造性思维和方法,运用科学技术的最新成果,开发新的技术、产品、工艺、服务或管理模式,以推动经济、社会、文化等方面进步的过程。科技创新不仅包括基础研究和应用研究的突破,还涵盖技术成果的推广与应用。

其内涵包括以下内容:

第一,知识创新。科技创新首先体现在知识的创造和更新,通过科学研究和技术开发,推动新的理论、方法和技术的出现。它既包括基础科学领域的突破,也涉及应用技术的创新。

第二,技术创新。这是科技创新的核心部分,指通过新技术的发明和改进,推动新产品、新工艺的开发和应用。技术创新能够提升企业竞争力,改变产业结构,促进经济增长。

第三,系统创新。科技创新不仅限于单一的技术发明,还包括整个创新系统的优化和变革。包括创新人才的培养、创新文化的形成、创新资源的配置和产业化的过程。

第四,应用与转化。科技创新强调科研成果向市场的转化和应用,通过创新技术推动产品或服务的商业化应用,从而创造经济价值和社会效益。

第五,产业融合。在科技创新的推动下,传统产业通过技术革新实现升级改造,新兴产业通过科技创新得以快速发展,推动产业间的深度融合与协同发展。

第六,全球化与开放合作。科技创新具有全球性,通过国际合作与开放共享，可以加速科技成果的传播和利用，推动全球创新资源的整合。

科技创新不仅仅是技术上的突破，还涵盖从知识产生、技术开发到产业应用的整个过程，并且依赖于创新体系的协调发展。科技创新是推动经济社会高质量发展的重要动力，能够提升生产效率、优化资源配置、促进产业升级和全球竞争力。

2.1.2 创新的类型

创新可以分为多个类型，每种类型在推动企业发展和市场竞争力方面起着不同的作用。其主要包括产品创新、过程创新、组织创新和市场创新。如图 2.1 所示。

图 2.1 创新的类型

1. 产品创新

产品创新指的是企业开发和推出全新产品或对现有产品进行显著改进。这种创新通常涉及产品功能、设计、性能或技术的变化，旨在满足用户的新需求、提升产品竞争力或开拓新的市场。例如华为通过不断推出技术领先的 Mate 系列智能手机，成功实现了产品创新。华为 Mate 系列手机在摄像头技术、处理器性能和 5G 网络支持方面做出了显著改进，尤其是在与徕卡合作推出的高端摄像头模组，提升了手机的拍摄能力，使其在全球高端智能手机市场占据了一席之地。产品创新使华为在竞争激烈的手机市场中脱颖而出。

2. 过程创新

过程创新是指企业在生产或交付产品和服务的过程中引入新方法或改进现有方法。过程创新通常涉及生产技术、工作流程、设备或信息系统的优化，目的是提高效率、降低成本或提升产品质量。例如比亚迪在电动汽车电池生产中引入了过程创新，通过自主研发的新型电池生产工艺，大幅提高了电池的能量密度和安全性，同时降低了生产成本。比亚迪的这一过程创新使其在电动汽车市场中获得了技术领先优势，并使其电动汽车产品在市场上具有更强的竞争力。

3. 组织创新

组织创新是指企业通过引入新的组织结构、管理方法或企业文化来提高效率、促进创新或增强市场竞争力。这种创新通常包括企业的战略调整、流程再造、员工激励机制的优化等。例如，阿里巴巴在企业管理中引入了"合伙人制度"，就是组织创新的一个典型案例。该制度允许公司高管成为公司的合伙人，共享公司的长期发展成果。这一创新在企业内部形成了强大的凝聚力和归属感，激励管理层致力于公司的长远发展，避免了传统公司治理中的短视问题。合伙人制度帮助阿里巴巴保持了持续的创新动力和市场竞争力。

4. 市场创新

市场创新指的是企业通过开拓新市场、开发新的销售渠道或采用新的营销策略来推动产品或服务的销售。这种创新通常包括进入新的地理市场、推出新品牌或产品系列，以及使用新媒体或数字平台进行营销。例如拼多多通过市场创新，创造了一种全新的社交电商模式。拼多多利用社交媒体平台，鼓励用户通过拼团的方式购买商品，极大地降低了商品价格，并迅速积累了大量用户。通过这种创新的市场模式，拼多多成功吸引了大量的下沉市场用户，并迅速在中国电商市场占据了重要地位。

产品创新、过程创新、组织创新和市场创新分别从不同角度推动企业的发展。产品创新通过开发新产品或改进现有产品来满足市场需求；过程创新通过优化生产流程来提升效率和质量；组织创新通过调整企业内部结构和管理方式来激发创新活力；市场创新则通过开拓新市场和采用新策略来扩大市场份额。这四种创新类型相辅相成，共同促进企业的持续成长和竞争力的提升。

2.1.3 科技创新的类型以及特点

科技创新是一个涵盖从基础研究到实际应用的广泛过程，主要包括基础研究、应用研究和开发创新三个方面。这些方面在科技创新中发挥着不同但互补的作用，推动科学和技术的进步，其主要是三个方面的创新。

1. 基础研究

基础研究是科技创新的起点，旨在探索和揭示自然界和人类社会中尚未了解的科学原理和机制。它通常不直接关注实际应用，而是着眼于科学知识的扩展和理论的建立。基础研究为应用研究和开发创新提供了理论基础和科学发现。例如1953年，弗朗西斯·克里克和詹姆斯·沃森通过基础研究揭示了DNA的双螺旋结构。这一发现虽然最初并不直接面向实际应用，但为后来的遗传学、分子生物学和基因工程奠定了基础。该研究引发了基因组研究和生物技术的革命，推动了医学和农业领域的应用创新。

2. 应用研究

应用研究是基于基础研究成果进行的，旨在将科学发现应用于实际问题，以解决具体的技术或社会需求。应用研究侧重于将理论和知识转化为实际解决方案，为开发创新提供技术支持。例如在20世纪初期，基础研究发现了真菌，如青霉菌产生的抗菌物质。应用研究者将这一发现应用于开发抗生素。青霉素的商业化，使得基础研究的成果转化为能够治疗细菌感染的实际药物，挽救了无数生命，是现代医学史上的一个里程碑。

3. 开发创新

开发创新是将研究成果转化为实际产品和服务的过程。它包括将理论和实验室成果应用于产品设计、工艺改进和市场推出。开发创新不仅需要技术上的突破，还涉及市场需求的评估、产品设计的优化和商业化的实现。例如，智能手机的发展是开发创新的典型案例。基础研究为手机技术的进步提供了理论支持，而应用研究则探索了触控屏技术和无线通信的应用。开发创新过程中，企业创造了消费电子产品新的类别，并引领了移动通信和计算机等技术的变革。

基础研究、应用研究和开发创新是科技创新的三个主要方面（如图2.2），各自承担不同的角色但互相依赖。基础研究提供了科学原理和新发现，为应用研究提供了理论基础。应用研究则将这些理论应用于实际问题，探索技术解决方案。开发创新则是将研究成果转化为实际产品和服务，推动技术和市场的发展。这一过程从理论的探索到实际的应用再到成果转化，形成了完整的科技创新链条，推动了科技的进步和社会的发展。

图 2.2　技术创新的类型

科技创新包括以下的特点：

（1）前瞻性和突破性

科技创新通常具有明显的前瞻性和突破性，它不仅是在现有技术和知识的基础上进行改进，更是开辟新的领域和应用。前瞻性意味着创新能够预测和引领未来的发展趋势，而突破性则是指它能够打破现有技术的局限，创造出具有重大影响的技术或产品。例如，量子计算技术虽然仍处于发展初期，但其潜在的计算能力突破将对未来的数据处理、信息安全等领域产生深远影响。

（2）高风险与高不确定性

科技创新伴随着较高的风险和不确定性。这种风险来源于技术的不可预见性、市场需求的不确定性以及研发过程中的复杂性。创新项目可能面临技术失败、市场接受度低等问题，因此，成功的科技创新通常需要克服多种困难和挑战。例如，生物医药领域的药物研发不仅需要长时间的实验和临床试验，还需要面对高昂的研发成本和市场风险。

（3）多学科交叉

科技创新往往涉及多个学科的交叉与融合。现代科技的发展需要综合物

第 2 章
科技创新与产业融合的理论基础

理学、化学、生物学、计算机科学等多个学科的知识和技术。例如，人工智能的应用不仅需要计算机科学的基础，还涉及统计学、心理学、语言学等学科的知识。这种多学科交叉的特点使得科技创新能够在更广泛的领域内产生影响，推动综合性技术的进步。

（4）不断演进与迭代

科技创新是一个不断演进和迭代的过程。创新的初期往往是对某一技术或产品的初步探索，随着实践的深入和反馈的积累，创新成果会不断改进和完善。这种演进过程不仅包括技术的升级，也涉及到产品的优化和应用场景的扩展。例如，智能手机从最初的基本功能到现在集成了摄影、导航、支付等多种功能，经历了多个阶段的技术迭代和市场反馈。

（5）市场导向与应用驱动

科技创新不仅仅是技术上的突破，还需要与市场需求紧密结合。市场导向和应用驱动是创新成功的重要因素。成功的科技创新通常能够满足特定市场的需求或解决实际问题，因此，创新的过程需要充分考虑市场趋势、用户需求和实际应用场景。例如，智能家居技术的创新就是基于消费者对智能化、便利化生活的需求，推动了智能设备的广泛应用。

（6）合作与网络化

科技创新往往需要在合作与网络化的环境中进行。单一组织或个人难以完成复杂的科技创新项目，因此，跨组织、跨领域的合作是创新成功的关键因素。合作可以包括科研机构与企业的联合研发、不同企业间的技术合作、国际间的技术交流等。例如，疫苗的研发通常需要全球范围内的科研机构、制药公司和政府部门的共同合作，以实现快速和高效的疫苗生产和分发。

（7）知识产权

科技创新带来了新的知识和技术，因此知识产权的保护是创新过程中至关重要的环节。知识产权不仅保护创新者的合法权益，还激励更多的创新活动。专利、商标、著作权等知识产权形式能够确保创新成果得到有效保护，促进技术的推广和应用。例如，许多科技公司通过专利保护技术创新，以维持市场竞争力和获得经济利益。

（8）社会影响与变革

科技创新具有显著的社会影响和变革效应。创新不仅改变了技术和产品，还对社会结构、生活方式和经济模式产生深远的影响。例如，互联网技术的普及改变了人们的沟通方式、购物习惯和信息获取方式，深刻影响了社会的各个方面。科技创新能够推动社会进步，提高生活质量，但也可能带来新的社会问题，如技术失业、信息安全等挑战。

2.1.4 科技创新的驱动因素

驱动科技创新的因素是多方面的，涵盖了政策、市场、技术以及企业内部文化等多个维度，以下是对这些驱动因素的具体阐述。

1. 政策支持

政策支持指的是政府通过各种政策手段，如研发资助、税收优惠、法律法规等，来鼓励和推动科技创新的发展。这些政策可以降低企业研发的成本、减轻风险、并为创新活动提供资金和资源保障，从而激励企业和研究机构进行科技创新。主要的政策支持包括：

研发资助。政府提供专项资金支持企业和科研机构开展关键技术的研发活动。例如，中国政府通过国家重点研发计划对科技创新项目进行资助，支持高新技术领域的研究和产业化。这些资助不仅提供了充足的资金支持，还通过政策引导，促使企业和研究机构将资源投入到国家重点发展的技术领域。

税收优惠。政府对企业的研发支出给予税收优惠，减轻企业的税负，鼓励其增加研发投入。例如，中国的高新技术企业可以享受企业所得税的减免政策，进一步激励企业加大对科技创新的投资力度。

知识产权保护。强有力的知识产权保护政策也是促进科技创新的重要因素。完善的知识产权法律体系可以确保创新成果得到有效保护，从而激励企业和个人进行持续的技术创新。

2. 市场需求

市场需求指的是消费者或企业对新产品、新技术的需求变化，这种需求变化往往推动企业去开发新的技术或产品，以满足市场的期望或解决实际问题。市场需求的增长或变化，是科技创新的重要驱动力之一，主要的市场需求包括：

消费者需求变化。随着消费者对产品功能、质量、个性化需求的提升，企业需要不断进行科技创新来开发新产品或改进现有产品。例如，随着环保意识的增强，市场对新能源车的需求日益增长，促使汽车制造企业加大在电动车和新能源汽车技术上的研发投入。

企业需求变化。企业在生产和运营过程中遇到的挑战，也会驱动科技创新。例如，随着全球供应链的复杂性增加，企业对供应链管理软件和人工智能解决方案的需求激增，促使科技公司开发更为先进的供应链管理系统和预测工具。

3. 技术进步

技术进步是指新技术的突破或现有技术的改进，这种进步为企业和研究机构提供了新的工具和方法，推动科技创新的发展。技术进步本身既是科技创新的结果，也是推动进一步创新的重要因素，主要的技术突破主要有：

新技术的突破。突破性的新技术往往带来巨大的创新潜力。例如，5G通信技术的突破，为自动驾驶、智能家居、物联网等领域的创新应用提供了可能性，推动了这些行业的快速发展。

现有技术的改进。对现有技术进行改进和优化也是科技创新的重要方式。例如，人工智能技术的逐步成熟和应用场景的扩展，不仅推动了技术本身的进步，也催生了医疗、金融、教育等多个行业的创新应用。

4. 企业内部的创新文化和资源

企业内部的创新文化和资源是指企业内部的管理模式、创新激励机制、研发投入、人才资源等内部因素，这些因素决定了企业在科技创新方面的潜力和动力。企业内部文化对创新的支持与资源的合理配置，直接影响科技创新的成效。

创新文化。企业内部是否具备鼓励创新、包容失败的文化，对科技创新至关重要。以华为为例，其鼓励"全员创新"的文化，以及对创新失败的宽容态度，极大地激发了员工的创新积极性和创造力，推动企业在通信技术领域持续保持领先。

资源配置。企业对研发的资源投入（包括资金、设备、人才等）也是科技创新的关键。例如，腾讯公司通过大量资源投入到基础研究和前沿技术领域，培养了一批顶尖的科技人才，并且形成了多个创新实验室，持续推动着公司在人工智能、云计算等领域的技术突破。

驱动科技创新的因素相互作用，共同推动了技术的发展和应用。政策支持通过降低成本和风险为企业创新提供了保障；市场需求则为企业创新指明了方向，激励企业不断开发新技术和产品；技术进步为创新提供了新的工具和方法，进一步推动创新进程；企业内部的创新文化和资源配置则是企业实现科技创新的内在动力。这些因素共同作用，构成了推动科技创新的整体动力系统。

2.1.5 技术创新原理

技术创新原理是指导技术创新活动的基本原则和理论框架，类似于第一性原理。以下是一些常见的技术创新原理：

1. 第一性原理

从最基本的事实出发，避免假设，以全新的视角分析问题，寻求创新解决方案。华为在 5G 技术的研发中，采用了第一性原理的方法。华为的工程师们没有简单地模仿现有的 5G 解决方案，而是深入分析通信技术的基本原理，重新设计了基站和网络架构，最终成功推出了具有竞争力的 5G 产品。

2. 逆向工程

通过分析和解构现有产品或技术，识别其核心功能和设计原理，从而为新产品的开发提供启示。例如苹果公司在开发其早期的音乐播放器时，分析了当时市场上其他数字音乐播放器的设计。通过逆向工程（如图 2.3），他们识别了用户对便携性和易用性的需求，最终设计出一个用户友好的界面和创新的滚轮控制，改变了数字音乐播放器的市场。

3. 渐进式创新与颠覆式创新

渐进式创新是对现有技术的优化和改进，而颠覆式创新则是通过新技术或商业模式彻底改变行业格局。如图 2.4 所示。

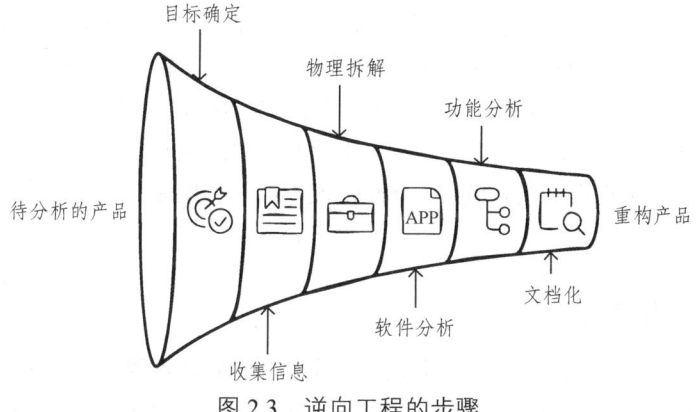

图 2.3 逆向工程的步骤

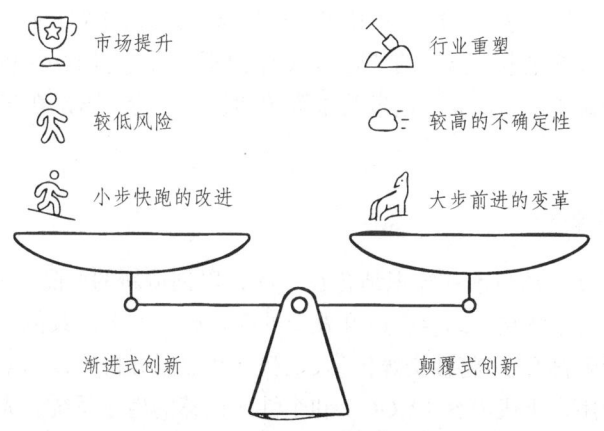

图 2.4 渐进式创新与颠覆式创新的区别

例如渐进式创新，丰田在汽车制造中采用了"精益生产"理念，通过不断优化生产流程，降低成本并提高质量，保持了其市场领导地位。美的集团在家电行业中不断优化其产品设计和功能，通过用户反馈进行渐进式创新，使其产品在智能化和节能方面保持领先地位。颠覆式创新，Netflix 从一个 DVD 租赁服务发展成为全球最大的在线流媒体平台，颠覆了传统的影视传播模式。阿里巴巴的"云计算"服务，改变了企业 IT 服务的传统模式，通过提供灵活、可扩展的云服务，颠覆了传统的企业 IT 采购和管理方式。

4. 用户驱动创新

强调用户需求在创新过程中的重要性，通过用户反馈和参与来指导产品设计和开发。例如，Dropbox 在产品开发早期通过用户调查和反馈不断调整产品功能。通过早期的用户测试，他们了解到用户希望简化文件共享的方式，从而优化了界面和功能设计，快速获得市场份额。京东通过对用户数据的深入分析和用户评价的收集，持续优化其平台的用户体验和服务质量。京东根据用户的购物习惯和偏好，个性化推荐商品，提高了用户的满意度和购买率。

5. 开放创新

通过与外部组织、机构或个人的合作，利用外部资源和知识来促进内部创新。P&G 实施开放创新策略，推出"Connect+Develop"平台，鼓励外部创新者与其合作，寻找新产品和技术。通过这种方式，P&G 能够快速获得新想法并降低研发成本。腾讯的"腾讯众创空间"通过与创业者和科技公司合作，鼓励创新项目的发展。通过共享资源和技术支持，腾讯在多个领域促进了开放创新。

6. 技术整合

将不同领域的技术和知识结合在一起，以创造新的产品或服务。例如，将信息技术与生物技术结合，以开发新的医疗解决方案。其他如字节跳动在其短视频平台抖音中，将社交媒体、人工智能和数据分析等技术整合在一起，创造了一个用户生成内容（UGC）和个性化推荐的生态系统，成功吸引了大量用户并改变了社交媒体的格局。特斯拉的汽车将电动技术、自动驾驶技术和智能软件集成在一起，创造出具有高度智能化的电动汽车，这种整合使得特斯拉在竞争中脱颖而出。

7. 系统思维

将技术创新视为一个复杂系统，关注各个部分之间的相互关系和整体效果，从而实现协同创新。例如，宝洁公司在其产品开发中采用系统思维，考虑供应链、生产、市场营销等各个环节的协同作用，从而提升新产品上市的成功率。中国电信在建设 5G 网络时，采用系统思维考虑网络架构、设备、终端用户和应用场景之间的关系，确保整个生态系统的有效协同，推动 5G 技术的全面落地。

8. 迭代开发

采用快速转型和持续改进的方法，及时测试和反馈，逐步完善产品或技术。例如，亚马逊在其产品开发中采用迭代开发方法（如图 2.5），通过用户数据和反馈不断改进其电商平台和服务。例如，亚马逊 Prime 服务的推出和优化都是基于用户反馈的快速迭代。滴滴出行在其打车服务的开发中，采用迭代开发方法，通过用户反馈快速调整算法和用户界面。每次更新后，滴滴都会进行大量的用户测试，确保新功能满足用户需求。

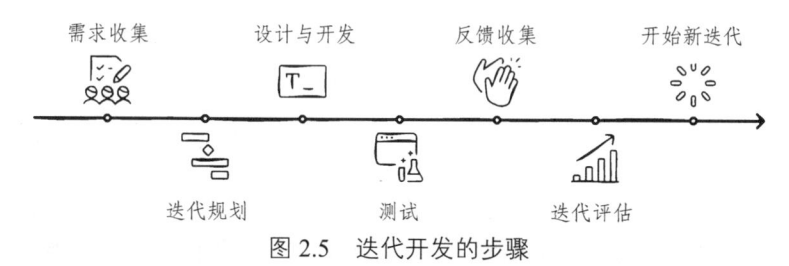

图 2.5 迭代开发的步骤

9. 价值创新

通过创造新价值或提升现有价值来满足市场需求，强调创新不仅在于技术本身，还在于其商业模式和市场定位。Airbnb 通过创新的商业模式，利用闲置的住宿资源创造出新的市场价值，使得旅行者能够以更低的价格享受到本地的居住体验，同时为房主提供额外收入。拼多多通过创新的社交电商模式，利用社交网络和团购机制，创造了新的购物体验和价值，迅速吸引了大量用户，改变了传统电商市场的竞争格局。

2.2 产业融合的基本理论

2.2.1 产业融合的概念与模式

产业融合是指不同产业之间的界限逐渐模糊，通过技术、资源和市场的结合，形成新的产业形态或业务模式。如图 2.6 所示，产业融合可以分为垂直融合、水平融合和横向融合三种模式。垂直融合是指产业链上下游的整合；水平融合是同一产业内部的整合；横向融合则涉及不同产业之间的结合，如信息技术与制造业的融合形成智能制造。

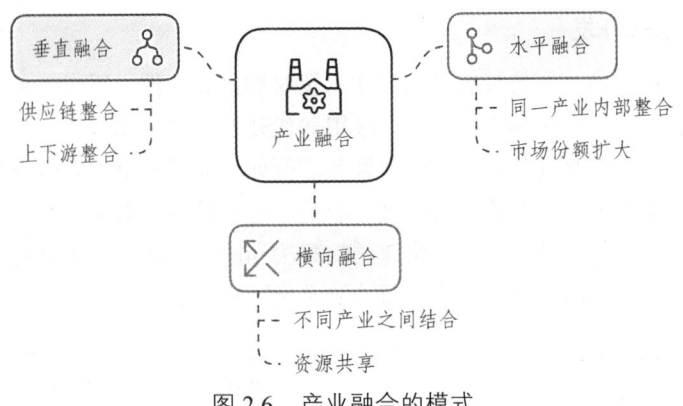

图 2.6　产业融合的模式

1. 垂直融合

垂直融合是指产业链上不同环节的企业或产业之间的融合。通常，垂直融合发生在供应链的不同阶段，如原材料供应、生产制造、分销销售等环节，通过整合这些环节，可以优化生产流程、降低成本、提升效率。例如，海尔集团通过垂直融合，掌握了从零部件制造到终端家电产品销售的多个关键环节。海尔不仅自主生产压缩机、控制模块等核心零部件，还拥有强大的物流和售后服务体系。这种垂直整合使海尔能够更好地控制产品质量、降低生产和流通成本，并提升了在市场中的竞争力。此外，海尔通过建立自己的供应链和渠道，缩短了新产品的上市时间，实现了高效的市场反应能力。

2. 水平融合

水平融合是指同一产业链中相同或相似环节的企业之间的融合。这种模式通常发生在同一市场中的竞争企业之间，通过整合可以实现规模经济、共享资源、减少重复投资，并增强市场控制力。例如，2015年，美团与大众点评合并，形成了中国最大的生活服务平台。两家公司原本是同行业中的竞争对手，分别在团购和餐饮点评领域具有领先地位。通过合并，双方实现了资源共享和市场份额的扩大。此次水平融合不仅减少了市场竞争的激烈程度，还通过整合资源提高了服务能力和用户体验，使得美团大众点评在生活服务市场中占据了更强的地位。

3. 横向融合

横向融合是指不同行业或市场之间的企业或产业的融合。这种模式通常发生在技术或市场需求的驱动下，通过跨行业的整合，企业能够进入新的市场领域，创新产品和服务，创造新的商业模式。例如，阿里巴巴通过横向融合，将电子商务与金融服务相结合，推出了"支付宝"和"蚂蚁金服"等创新产品和服务。最初，阿里巴巴是一个专注于电子商务的企业，但随着支付宝的推出，其业务范围扩展到了金融服务领域，涵盖在线支付、理财、贷款等服务。通过这种横向融合，阿里巴巴不仅提升了用户粘性，还推动了互联网金融的发展，创造了一个完整的数字经济生态系统。

产业融合的三种模式——垂直融合、水平融合和横向融合，分别通过不同的整合方式推动了企业和产业的进步。垂直融合通过整合供应链上的不同环节提升了生产效率和市场反应速度；水平融合通过合并相同业务的企业实现了资源共享和规模经济；横向融合则通过跨行业的创新打破了行业界限，创造了新的市场机会和商业模式。这三种融合模式在不同的产业背景下，各自发挥着重要作用，共同推动了产业的不断发展和创新。

2.2.2　科技创新与产业融合的互动关系

科技创新与产业融合是相互促进的关系。科技创新通过提供新技术和新产品，推动产业的升级和融合；产业融合则为科技创新提供了新的应用场景和市场机会。二者的互动促进了新兴产业的出现和传统产业的转型，推动了经济结构的优化和经济增长。例如，人工智能技术的应用使得制造业、医疗业等多个领域发生了深刻的变革，推动了这些行业的融合和创新。科技创新与产业融合之间的关系可以理解为一种相互促进、互为依存的关系。在这一过程中，科技创新推动了产业的升级与融合，而产业融合则为科技创新提供了新的应用场景和市场机会。

1. 科技创新推动产业升级与融合

科技创新为产业带来了新技术和新产品，这些技术和产品能够提高生产效率、优化资源配置，并且开辟新的市场。通过技术的革新，传统产业得以升级，同时也促使不同产业之间的界限逐渐模糊，推动产业融合。例如，传统汽车行业长期以来以燃油车为主，但随着电池技术、电机技术以及智能驾驶技术的发展，新能源汽车应运而生，这些创新显著提高了汽车的环保性能和驾驶体验。传统的汽车制造业开始转型，逐步向新能源汽车领域发展。同时，汽车产业与信息技术产业深度融合，如智能驾驶技术，形成了智能交通产业的新格局。

2. 产业融合为科技创新提供新场景和市场机会

随着不同产业之间的融合，新的市场需求和应用场景不断涌现，这为科技创新提供了新的方向和动力。产业融合使得原本单一的科技成果能够在更广泛的领域中得到应用，进一步推动科技的进步。例如，随着信息技术、物联网技术和智能控制技术的快速发展，家居产业与电子信息产业、互联网产业等多个领域实现了融合。企业通过物联网技术、人工智能技术等，将智能控制技术引入家居环境，开发了智能灯泡、智能空调、智能门锁等一系列产品。这种跨领域的融合为物联网技术提供了广泛的应用场景，同时也创造了巨大的市场需求，推动了智能家居产业的快速发展。

科技创新和产业融合通过相互促进、共同发展，形成了一个良性循环。科技创新驱动产业升级和融合，而产业融合则为科技创新提供了广阔的应用场景和市场机会，进一步激发了科技发展的潜力和动力。

2.2.3 人工智能技术与产业融合案例

人工智能（AI）技术的应用正在深刻地改变制造业、医疗业等多个领域，推动这些行业的融合和创新。这一变革不仅提升了行业效率和服务质量，也催生了新的业务模式和产业形态。

1. 制造业的变革

智能制造。人工智能通过机器学习和数据分析技术，优化了生产过程。智能制造系统利用 AI 进行预测性维护、质量控制和生产调度，提升了生产效率和产品质量。例如，西门子利用 AI 在其数字化工厂中实现了预测性维护。通过监测设备数据并分析故障模式，西门子的系统能够提前预测设备可能出现的故障，从而减少了生产停机时间，提高了设备的可靠性。

生产线自动化。AI 驱动的机器人和自动化系统能够执行复杂的装配、检测和搬运任务。这些机器人能够在生产线上完成高精度、高效率的操作，减少了人工干预和人为错误。例如，汽车工厂中广泛应用 AI 技术实现自动化生产线。生产线中配备了大量 AI 驱动的机器人，能够高效完成车身焊接、涂装和组装等任务，显著提高了生产速度和准确性。

供应链优化。AI 通过分析大数据，实现了供应链的智能化管理。AI 技术可以预测需求变化、优化库存管理，并提升供应链的灵活性和响应速度。物流企业利用 AI 进行智能库存管理和物流优化。AI 算法分析历史销售数据、季节性变化和市场趋势，帮助企业预测库存需求，优化仓储和配送计划，提高了供应链的效率和准确性。

2. 医疗业的变革

精准医疗。AI 技术在精准医疗中发挥了重要作用，通过大数据分析和基因组学，帮助医生制定个性化的治疗方案。AI 能够处理复杂的医学数据，识别疾病的早期迹象，并推荐最合适的治疗方案。例如，Watson Health 利用 AI 技术分析医学文献、病历和临床试验数据，为医生提供精准的治疗建议。Watson 可以通过分析癌症患者的基因组数据，帮助制定个性化的治疗方案，提高了癌症治疗的效果。

医疗影像分析。AI 在医学影像分析中应用广泛，能够自动识别和诊断各种疾病。通过深度学习算法，AI 可以分析 CT、MRI 和 X 光影像，发现异常病变，提高诊断的准确性和效率。例如 DeepMind 开发了 AI 系统，用于分析眼底影像，识别糖尿病视网膜病变。该系统通过深度学习技术实现了高精度的疾病检测，与专家医生的诊断结果高度一致，提高了早期诊断的能力。

医疗决策支持。AI 技术为医疗决策提供支持，通过实时数据分析和风险预测，帮助医生制定更有效的治疗方案。AI 能够整合患者的医疗历史、实时监测数据和最新的医学研究，提供综合决策支持。Aidoc 开发的 AI 系统可以实时分析医疗影像数据，并向放射科医生发出潜在异常的警报。这种实时决策支持系统提高了急诊患者的处理速度，减少了漏诊率。

3. 行业融合与创新

人工智能技术的应用不仅改变了制造业和医疗业本身，还推动了这两个领域的融合与创新，体现在智能医疗设备的研发上。例如，可穿戴健康监测设备——智能手环和健康监测仪通过集成 AI 技术实时监测用户的健康数据，并提供分析结果。这些设备不仅提高了健康管理的智能化水平，也推动了医疗设备制造业的发展。制造业和医疗业在数据驱动的创新方面相互促进。制造业通过数据分析提升生产效率,医疗业通过数据分析提高诊断准确性,两者的数据融合推动了新的应用场景和解决方案的出现,如个性化医疗设备的生产和智能制造中的医疗设备管理。

总之,人工智能技术的应用在制造业和医疗业等多个领域推动了深刻的变革,提升了行业的效率和创新能力。科技的进步不仅改变了单一领域的现状,也促进了跨行业的融合,为社会带来了更多的应用场景和业务机会。

2.3 人才战略在科技创新与产业融合中的作用

2.3.1 人才的定义

关于人才的定义,古今中外有着丰富的观点和理论。这些定义体现了不同历史背景和文化对人才的理解和重视程度。在古代中国,人才的定义和要求主要体现于儒家经典和历史记载中。[1]孔子提出了"君子"的概念,强调了道德、学识和才干的重要性。他认为君子应具备仁、义、礼、智、信等品德,具备较高的道德修养和全面的能力。在《论语》中,孔子提到"君子求诸己,小人求诸人",强调了君子应自我要求,体现了对人才的高标准。古希腊哲学家亚里士多德在《尼各马可伦理学》中定义了"德性"作为人才的关键要素。他认为,德性不仅包括智力上的卓越,还包括道德上的优良品质。亚里士多德特别强调了实践智慧(phronesis)在人的全面发展中的重要性,这种智慧结合了理论知识和实践经验。古罗马的思想家西塞罗在其作品《论共和国》中探讨了人才的作用和价值。他强调了在政治和社会中,人才不仅需要具备

---

[1] 古代认为,人才应具备道德和才能的综合素养。孔子强调"德才兼备",即一个人不仅要有才能,还必须具备良好的品德。这样的观点在《论语》中有所体现,孔子提倡仁德和学识并重。在封建社会中,人才往往指的是士大夫阶层的人。这一群体被视为国家的中坚力量,具有文化素养和治理能力。士人的角色在《尚书》和《礼记》等经典中有所论述,强调了他们在国家治理和社会文化中的重要性。古代统治者通常根据国家和社会的需要来界定人才。在不同历史时期,人才的定义可能会有所变化。例如,在汉朝,重视军事才能的人才,如将领和谋士;而在唐朝,则更多强调文人的治国能力。这些观点在《汉书》和《资治通鉴》中有所反映。在《荀子》等古代典籍中,对人才的描述往往包括"聪明、勤奋、忠诚、智慧"等特质,这些特质被认为是一个人能否成为"才"的关键。

智慧和才能，还应具备对国家和公众的责任感。西塞罗认为，真正的人才应能够为社会的福祉做出贡献，并具备良好的品德和社会责任感。在近现代西方，德国哲学家和教育家赫尔巴特提出了教育的核心在于培养全面发展的人才。他认为，教育的目的是培养具有良好道德、智力和社会适应能力的个体，使他们能够在社会中发挥积极作用。赫尔巴特的教育理论对现代教育系统中的人才培养有着深远的影响。当今中国更强调人才的创新能力和实际应用能力。邓小平提出了"人才是第一资源"的观点，认为在经济社会发展中，人才的作用越来越突出。中国的现代人才观强调技术创新、专业能力和适应社会发展的能力。习近平总书记提出了全面深化改革中的"人才强国战略"，指出需要培养具有国际视野、创新能力和实际操作能力的人才，以应对新时代的发展挑战。[1]

从古代中国的道德修养和全面能力，到古希腊对德性和实践智慧的重视，再到现代中国对创新能力和实际应用的强调，不同的历史背景和文化对人才的定义和要求各有侧重。总体来看，这些定义和观点共同体现了对人才的高要求，包括道德品质、专业能力、创新能力以及全球视野。本书定义人才为，具有一定专业知识、技能和能力，能够为组织和社会创造价值的个体。

2.3.2 人才的分类

人才分类的经典理论主要对不同类型和层次的人才进行划分，以便更好地理解和管理他们在组织中的作用。以下是几种广泛认可的经典人才分类理论。

1. 人力资源管理中的人才分类

人力资源管理研究一般把人才划分为高层次人才、核心人才与普通人才。高层次人才，包括科学家、技术专家和管理精英。这些人才在科技创新和战略决策中发挥关键作用，通常具备深厚的专业知识和丰富的经验。他们负责制定公司长远战略和重大技术突破，推动企业的核心竞争力。核心人才，指在特定领域或岗位上具有关键能力的人员。例如，某一技术领域的专家或核心业务部门的关键员工。他们在特定领域具有不可替代的技能和知识，是公

---

[1] 中华人民共和国中央政府网 https://www.gov.cn/xinwen/2021-12/15/content_5660938.htm

司业务运作的核心。普通人才包括一般技术工人和服务人员。他们在日常运营中发挥重要作用，但对企业战略的影响较小。普通人才通常负责执行公司的基本操作和任务。

2. 管理学中的人才分类

管理学研究中把人才划分为领导型人才、技术型人才和管理型人才。领导型人才是指具备出色的领导力和战略眼光，能够引导团队和公司实现目标。他们通常负责制定战略方向、带领团队解决复杂问题，并激励员工达到最高绩效。技术型人才是指具备技术专长和创新能力，通常在技术研发和创新方面发挥关键作用。他们的任务是推动技术进步和产品开发，为公司带来技术优势。管理型人才是指擅长组织、计划和协调，负责日常管理和运营。他们关注公司的运营效率、资源配置和团队管理，确保公司按计划运行。

3. 心理学中的人才分类

心理学通常把人才划分为创新型人才、分析型人才和执行型人才。创新型人才是指具备高度的创造力和想象力，能够提出新颖的想法和解决方案。这类人才在研发和市场创新中起到推动作用，为公司带来新的发展机会。分析型人才是指擅长逻辑思维和数据分析，能够深入挖掘信息和解决复杂问题。他们通常负责市场研究、数据分析和策略制定，帮助公司做出数据驱动的决策。执行型人才是指注重实际操作和执行，能够高效地完成任务并实现目标。他们在日常运营和项目实施中发挥作用，确保公司策略和计划的顺利实施。

4. 组织行为学中的人才分类

组织行为学通常把人才划分战略型人才、执行型人才和支持型人才。战略型人才是指参与公司长期战略的制定和实施，通常具备全面的市场洞察力和战略规划能力。他们负责确定公司的发展方向和战略目标。执行型人才负责将战略计划转化为实际操作，确保公司的日常运营和目标达成。他们的工作重心在于高效执行任务和管理项目。支持型人才提供支持和服务，帮助公司在运营中顺利运行。包括行政人员、客服人员等，他们负责公司内部的支持和协调工作。

5. 经济学中的人才分类

经济学通常把人才划分高技能人才、中技能人才和低技能人才。高技能人才是指拥有高水平的专业技能和知识，通常在高级技术岗位或专业领域工作。他们对公司业务具有深远影响，能够推动技术和管理创新。中技能人才是指具备一定的专业技能和经验，适用于中级岗位和技术工作。他们在公司中承担重要任务，支持高技能人才的工作。低技能人才通常从事基础性工作，技能要求较低。这类人才在公司运营中负责基本操作和支持工作，确保公司的日常运作。

以上经典人才分类理论从不同角度对人才进行划分，包括高层次与普通人才、领导型与技术型人才、创新型与执行型人才等。这些分类帮助组织更好地理解和管理人才，优化资源配置，提升组织的整体效能和竞争力。

2.3.3 人才分类的相关研究

有关人才分类，很多研究者都进行了比较深入的研究，代表性的研究者及其主要观点如下：

1. 彼得·德鲁克（Peter Drucker）

彼得·德鲁克在他的管理学理论中，强调了人才在组织中的不同角色。他提出了高层次人才、核心人才和普通人才的分类。德鲁克认为，高层次人才如领导者和战略家，对组织的成功至关重要，因为他们负责制定战略方向和决策。核心人才则在特定领域或岗位上发挥重要作用，而普通人才主要负责日常运营和基础任务。德鲁克的观点有助于组织理解和优化不同类型人才的作用与贡献。

2. 吉姆·柯林斯（Jim Collins）

吉姆·柯林斯在其著作《从优秀到卓越》中提出了领导型人才、技术型人才和管理型人才的分类。他认为，领导型人才具有领导力和愿景，能够引导组织走向成功；技术型人才在技术创新和研发方面起到关键作用；管理型人才则擅长组织和管理，确保公司日常运营的高效性。柯林斯的理论强调了不同类型人才在组织成功中的作用，并提出了如何有效整合人才的策略。

3. 赫茨伯格（Frederick Herzberg）

赫茨伯格在其双因素理论中区分了创新型人才、分析型人才和执行型人才。他认为，创新型人才能够提出新颖的想法和解决方案，推动组织的创新；分析型人才擅长数据分析并提出问题解决方案，为决策提供依据；执行型人才则关注实际操作和任务完成，确保战略的有效实施。赫茨伯格的分类帮助组织了解不同人才的动机和需求，从而设计更有效的激励和管理措施。

4. 赫尔曼·霍夫斯泰德（Hermann Hesse）

霍夫斯泰德在文化维度理论中提到，战略型人才、执行型人才和支持型人才的分类。战略型人才参与公司战略的制定和实施，执行型人才负责将战略转化为实际操作，支持型人才提供必要的支持和服务，确保公司的日常运作顺利。霍夫斯泰德的理论强调了不同类型人才在组织中的角色和作用，并提出了如何通过文化和组织结构来优化人才配置。

5. 盖瑞·哈默尔（Gary Hamel）

盖瑞·哈默尔在其研究中探讨了高技能人才、中技能人才和低技能人才的分类。他认为，高技能人才具备专业知识和技能，能够推动公司技术和业务创新；中技能人才适合中级岗位，支持公司的运营和发展；低技能人才则负责基础性工作，确保公司日常任务的完成。哈默尔的观点帮助企业理解如何根据技能等级来进行人才管理和发展。

6. 克劳斯·施瓦布（Klaus Schwab）

克劳斯·施瓦布在其《第四次工业革命》一书中提到了战略型人才、创新型人才和技术型人才的分类。他认为，战略型人才在公司战略和变革中扮演关键角色，创新型人才推动新技术和新业务的发展，技术型人才则负责具体技术的实施和应用。施瓦布的理论反映了在数字化和技术驱动的时代中，不同类型人才的重要性和角色。

7. 彼得·圣吉（Peter Senge）

彼得·圣吉在《第五项修炼》中探讨了领导型人才、执行型人才和学习型人才的分类。他认为，领导型人才能够制定战略并引导团队，执行型人才确保战略的实施，学习型人才则具备不断学习和适应变化的能力，推动组织的持续创新。圣吉的理论强调了学习和适应能力在现代企业中的重要性，并提出了如何培养这些人才的策略。

上述研究者提供了不同的人才分类理论，涵盖了高层次人才、核心人才、普通人才，领导型、技术型、管理型人才，创新型、分析型、执行型人才等分类。这些理论帮助组织理解不同类型人才的作用，优化人才管理策略，提高组织的整体效能和竞争力。

2.3.4 其他相关人才理论

1. 人力资本理论

20 世纪 60 年代，美国经济学家舒尔茨及贝克尔联合构建了新理论——人力资本理论。人力资本理论建立在人力资源管理基础之上，打破了"传统物质资本"的理论体系，将"人力管理"与"投资收益"进行了理论与实践的综合分析和考究。人力资本理论主要包括以下几方面的内容：第一，人力资源在其他一切资源之上，是一切资源的核心内容，在所有资源中，人力资源最珍贵。第二，物质资源所创造的价值远远比不上人力资源所创造的价值，因为它在促进经济增长速度中比人力资源作用慢。而人力资源又占据市场主导地位，因此，人力资本发挥的效用远远大于物质资本所发挥的效用，从而使人力资本投资与国民的收入成正相关。第三，提高人力资本所采取的主要措施就是教育投资。人力资本的生产是一种投资，也是一种消费，所以为达到人力资源更加专业化、技术化，使其能够实现经济效益最大化，就需要提高人们的教育水平，提高人口的质量。最后，为了实现第三点中人力资本投资效益的最大化，就要以市场供需关系为指导方向，建立在此基础上，衡量"人力价格"的波动情况。

人力资本理论分别对人力资本和物质资本作了较为详尽的说明和区分。该理论认为"物质资本"主要是指企业中现有物质产品长期存在的一种生产物资形式。比如，公司的房屋建筑、机械设施设备等，亦或是货币、证券、土地等一些人类可以看见触碰得到的实际物品；而"人力资本"则非实际物品，它是个比较抽象的概念，主要是指"人"所体现出的价值，是人们接受各种教育之前的所有以及人们接受各种教育之后所创造的价值的总和。

在实际经济活动的这个过程里，人们通过接受各种教育来完善自身，使自身的各种素质、各种专业知识技能不断的得到提升，同时也不断地在为社会创造价值。同样，在这个过程里，人类生产效力也会得到提高，从而为社会创造出更大的社会效益。

因此，在人力资本理论中，人力资本不但包括了"人"自身的资本，而且还包含了"人"所掌握的各种专业知识、劳动与技术技能等。

2. 人才流动理论

人才流动是指在不同的区域、领域或者范围等进行流动、转换及运输人才。人才流动有利有弊，比如在众多发展中国家，由于智力外流现象普遍存在，这导致发展中国家与发达国家之间的距离越来越远，从而使本就稀缺的人力资源状况变得枯竭，究其原因就是人才的流动。这就是它的弊端；反之，它就有利。不同学者都有不同的观点。比如，Tiebout 是研究人才流动原因最早的学者，他认为"较为丰富的公共物品"是"自由流动"的前提条件，因此，他认为税收水平合理的地区就是居民迁移倾向地区。

Lewin 认为如果人才出现失去自信的情况或者认为自己怀才不遇，是因为自己产生了无法改变环境的情绪，但最后又不得不去改变区域。这从根本上，就形成了人才流动因素。

而伊沃里斯认为，人才流动最根本的原因，在于两种力量的互相作用：一种是流入区域拥有更好、更多的就业机会，生活或者工作环境更好，收入更高等优势，这种"拉力"会吸引劣势区域的人力资源流向着优势区域进行流动。反之，较为落后、就业机会少、市场竞争恶劣的"内卷"区域就会出现人力资源流出的情况，这就出现了"推力"。流入区域"吸引"人力资源，流出区域将人力资源向外"推出"。

除此之外，美国学者卡兹在统计了大量的企业组织相关的调查研究数据之后，分析发现了企业组织寿命的长短取决于企业组织内部信息的沟通情况，并绘制出了企业组织寿命的曲线，而这条曲线被称为"卡兹曲线"。卡兹曲线表明，建立在企业组织内部人员增强熟悉度的基础上，人与人之间的信息沟通会不断减少。重要的是，他的研究论证必须是人才流动。

库克论证了"人才流动"才能更好发挥人的创造力。DECD 指出具体影响科技人才流动的原因是"经济激励"等。国内学者乌云其其格结合国内实际情况，发现影响高层次人力资源流动的最主要原因是"经济"；而"风俗习惯、个人秉性"等是造成人力资源流动的社会因素；还有社会经济、传统文化以及相关社会制度等。赵曙认为配置资源优化及人力资源开发的产物是"人才流动"。如果人才流动完全由市场掌控节奏,则很容易出现盲目性等状况,因此,国家有必要使用"法律""政策"来宏观调控人才流动的流向等。

2.3.5 本书采用的人才分类

本著认为,人才是指具有一定专业知识、技能和能力,能够为组织和社会创造价值的个体。人才在组织和社会的发展中扮演着至关重要的角色。根据其在科技创新、战略决策和日常运营中的作用和影响,人才可以分为高层次人才、核心人才和普通人才。高层次人才包括科学家、技术专家、管理精英等,通常在科技创新和战略决策中发挥关键作用;核心人才指在特定领域或岗位上具有关键能力的人员;普通人才则包括一般技术工人和服务人员。

1. 高层次人才

高层次人才通常指在某个领域中拥有深厚专业知识、丰富经验和卓越能力的个人。这类人才在科技创新、战略决策、政策制定和领导管理等方面发挥着关键作用。他们通常包括:

科学家:在基础科学研究和前沿科技开发方面做出重大贡献的人,如诺贝尔奖得主或重大科学发现的领导者。如中国的袁隆平,他在杂交水稻研究方面的突破极大提高了粮食生产效率,解决了全球粮食安全问题。

技术专家:在特定技术领域中拥有深厚专业知识的人,如人工智能、量子计算等高科技领域的顶尖专家。如埃隆·马斯克,他在电动汽车、航天探索等领域的创新推动了相关技术的迅猛发展。

管理精英:在企业战略规划、组织管理和业务发展方面具有高水平能力的人,如 CEO、CTO 等高管。如华为公司的任正非,他在技术创新和产品设计方面的卓越领导力塑造了现代科技产品的潮流。

高层次人才不仅推动技术进步和创新,还在制定组织和国家战略方面发挥重要作用。他们负责制定长期发展目标、引领技术方向、解决复杂问题,并影响行业的发展趋势和政策制定。

2. 核心人才

核心人才是指在特定领域或岗位上具备关键能力和专业技能的人。这类人才通常负责执行重要的技术任务、项目管理或关键业务操作。他们的能力对于实现组织的目标和维持其竞争力至关重要。核心人才在日常运营中发挥重要作用，负责解决具体问题、推动项目进展和提高工作效率。他们的专业技能和知识对于完成关键任务和确保业务顺利运行至关重要。

项目经理：如科技公司中的资深项目经理，他们负责协调团队、管理项目进度，并确保技术方案按时交付。

研发工程师：如一家制药公司的核心研发工程师，他们负责药物研发过程中的关键实验和技术突破。

产品经理：如互联网公司中的产品经理，他们负责设计和优化产品功能，满足用户需求，并推动产品上线和市场推广。

3. 普通人才

普通人才包括一般技术工人、服务人员和行政支持人员等。他们在日常业务操作中发挥重要作用，负责执行常规任务和维持工作环境的正常运转。

普通人才通过日常的技术操作、客户服务和行政支持，为组织的正常运行提供保障。他们的工作虽然不涉及战略决策，但却是实现组织目标和维护日常运营的基础。

技术工人：如制造业中的工人，他们负责操作生产设备、进行产品装配和质量检测，确保生产流程的顺利进行。

服务人员：如客户服务代表，他们处理客户咨询、解决问题，并维护良好的客户关系。

行政支持人员：如办公室助理，他们负责日常的行政事务、文件管理和办公室协调工作，支持管理层的工作效率。

人才的分类有助于明确不同层次人才的角色和贡献。高层次人才推动技术进步和战略决策，核心人才执行关键任务和项目，普通人才则确保日常运营的顺畅。三类人才的协同作用共同推动了组织和社会的进步与发展。下文分析的高层次人才主要是指高层次科技人才。

2.3.6 人才战略研究综述

随着全球化和技术变革的加速，人才战略的重要性日益凸显。全球竞争和创新驱动的经济形态要求国家和企业必须高度重视人才的培养、引进和使用。不同学者从人才的流动、创新链融合、区域协同等多维角度探讨了如何优化人才战略，以增强全球竞争力和国家创新能力。近年来，人才战略的研究在多个维度上取得了显著成果。王辉耀（2023）在全球人才流动的背景下，强调了国际化对人才战略的重要性。他提出，国家应加强与海外人才的联系，推动人才回流，以提升整体创新能力。同时，他也指出，吸引外籍高端人才需提供更具竞争力的政策和环境，这将为国家的科技和经济发展提供重要支持。李长安（2023）着重于人才的区域协同发展。他认为，区域间的合作与政策整合将有效推动高层次人才的流动，促进经济发展。他提出，政策制定者应关注不同区域的人才需求，通过科学的资源配置实现区域间的人才平衡与协作。薛澜（2023）在其研究中强调，人才链与创新链的融合是提高科技竞争力的关键。他指出，创新驱动型企业需通过整合人才与技术的优势，形成协同创新机制，以应对市场变化。同时，他还提到，培养具备跨学科背景的人才，将有助于提升企业的创新能力。陈清泰（2023）提出国家应通过科技政策引导人才的培养方向。他认为，教育机构与企业应建立紧密的合作关系，确保人才培养与实际产业需求的高度契合，从而提高人才的市场竞争力。

英文文献中，Grundy（1997）提出了战略人力资源规划与发展（HRPD）的概念。HRPD将业务战略与组织战略结合起来，通过分析管理技能的变化趋势和结构调整，帮助管理者识别人力资源战略中的关键点，尤其是在充满不确定性的背景下做出关键的人力资源投资决策。Tyson（1997）将人力资源战略描述为一个管理过程，强调渐进式策略形成的重要性。作者提出了一个框架，阐述了如何从社会、组织和个人三个层面进行分析，以更好地管理员工的认知和行为。文中指出，相比传统的理性策略，采用过程视角能够更好地理解人力资源战略的意义构建过程，并有助于提升组织的整体表现。Dyer & Reeves（1995）回顾了人力资源战略与组织效能之间的联系，提出活动组合，即多项人力资源策略组合的效果远超单一策略的应用。强调了人力资源战略在提高劳动生产率方面的重要性。Legge（2001）探讨了战略人力资源管理的两种对立模型："软性"人力资源管理强调员工的高承诺和发展，而"硬性"人力资源管理则侧重于工具性和效益最大化，讨论了两者在资源基础理论和制度基础理论中的应用，分析了不同管理模型对组织竞争优势的影响，并提出了未来研究方向。Mahoney & Wright（2000）综述了大量关于人力资源战略与企业绩效之间联系的文献，并提出了一个整合框架，帮助研究者理解 HR 战略中的一致性和不一致性。虽然该模型仍不完美，但它超越了其他研究，在理论范围和实证结果的整合方面表现出色，特别是在人力资源战略的制定与实施上提供了更全面的视角。作为国际著名的管理学者，John P. Kotter（2023）在人才战略方面的研究强调了变革管理与领导力的重要性。他认为，有效的人才战略应包含对员工能力的评估与发展，以适应快速变化的市场需求。他的观点为企业在实施人才战略时提供了管理上的指导。

总体来看，人才战略的研究已经取得了丰硕成果，各学者从不同维度探讨了人才政策与科技创新的结合。未来的研究趋势将聚焦于新兴产业中的人才发展、全球人才流动的本土化策略，以及区域协同创新的进一步深化。这些方向对于提升国家在全球科技和经济竞争中的地位至关重要。未来人才战略的研究趋势主要包括：

1. 新兴产业中的人才需求

随着人工智能、生命科学和绿色技术等新兴产业的发展，未来的人才战略研究将更加关注这些领域的人才需求特征。研究将探讨如何建立与新技术相适应的人才培养体系，以便更好地满足行业需求。

2. 国际化与本土化的结合

在全球化背景下，各国必须兼顾吸引国际高端人才和提升本土人才能力的双重任务。未来的研究将探讨如何平衡这两者，制定综合性人才战略，确保在全球竞争中保持优势。

3. 区域协同创新

研究将集中在如何通过区域政策整合，实现人才链、创新链与产业链的深度融合。这种整合将促进区域经济的协调发展，并有助于各地区在全球价值链中的位置优化。

4. 技术驱动的人才管理

随着信息技术的进步，尤其是大数据和人工智能的应用，未来的人才管理将更加智能化。研究将探索如何利用这些技术提升人才招募、培训和评估的效率，从而优化整体人才战略。

5. 多元化与包容性

越来越多的研究将关注如何在人才战略中融入多元化和包容性。多样化的人才团队被证明能更好地应对复杂问题，研究将探讨如何通过政策和实践来实现人才的多元化与包容性。

6. 可持续发展目标的融合

人才战略将逐渐与可持续发展目标相结合。研究将关注如何在人才培养和发展中融入可持续性理念，确保未来人才的可持续性与社会责任感。

总的来说，未来人才战略研究将面临许多新挑战和机遇。通过多元化的视角和创新的政策制定，研究者和决策者将能够有效应对快速变化的经济和技术环境，为国家和企业的发展提供支持。

2.3.7 高层次人才的定义

高层次人才是指人才队伍中各领域具有较高水平的优秀人才，或处于本专业前沿、在国内外相关领域具有较高影响力的人才。一般来说，这样的人才素质高、能力强、贡献大、影响广。高层次人才往往创造力特别强，是具有创新意识、创新能力、合作能力和敬业精神的新型人才。

高层次人才（high-level talents）是一个抽象的概念，迄今为止还没有形成一个标准统一的定义。在中共中央、国务院印发的《关于进一步加强人才工作的决定》（2003）中的相关表述来看，中高级领导干部、优秀企业家和各领域高级专家等高层次人才，是人才队伍建设的重点。按照拓宽留学渠道、吸引人才回国、支持创新创业、鼓励为国服务的要求，制定和实施留学人才回归计划，重点吸引高层次人才和紧缺人才，引进高新技术、金融、法律、贸易、管理等方面的高级人才以及基础研究方面的紧缺人才。综合而言高层次人才具有高稀缺性、高创造性、高流动性等特征。高层次人才是一个相对的概念，不同时期、不同地区对于高层次人才内涵的界定都会有所不同。

高层次人才因其在社会经济和技术发展中的关键地位，具有以下三个显著特征：高稀缺性、高创造性和高流动性。这些特征不仅决定了高层次人才的独特价值，也对其管理与培养提出了更高的要求。

1. 高稀缺性

高层次人才在总体人才池中的数量极为有限，尤其在尖端科技、先进制造业、医疗研究等领域，需求远大于供给。

高层次人才的稀缺性源于：一是培养周期长。高层次人才通常需要经过长期教育与实践积累，如博士后研究或行业高级培训。二是跨学科难度。许多高层次岗位要求复合型能力，需掌握多领域知识，进一步增加了获取难度。三是地域与行业差异。一些地区或行业因资源限制，无法吸引、培养足够数量的高层次人才。

2. 高创造性

高层次人才通常在其专业领域内具有创新能力，能够在技术研发、理论突破或管理优化方面创造领先成果。

高层次人才的高创造性源于：一是智力与技能优势。高层次人才具有深厚的专业积累和对复杂问题的敏锐洞察力。二是创新驱动。他们通常受到创新激励，通过创新成果获得学术声誉、经济回报或社会认同。三是资源与平台支持。高层次人才往往集中于资源充足的平台，如知名高校、科研机构或龙头企业，能够利用优质资源进行探索。

3. 高流动性

高层次人才的就业选择和流动频率较高，表现为从一个区域、行业或单位向另一个更优质的环境转移。

高层次人才的高流动性源于：一是市场化竞争。全球化背景下，高层次人才对工作条件、薪酬待遇、发展机会的敏感度更高。二是需求驱动。不同行业和地区对高层次人才的竞争激烈，导致其频繁的流动。三是职业生命周期变化。高层次人才在职业生涯的不同阶段，往往会基于个人发展需求选择新的平台。

高流动性既为人才的合理配置提供了可能，也给用人单位的稳定性带来挑战。为应对这一特性，需制定更有吸引力的政策，如提供科研资金支持、职业晋升空间和家庭保障等措施。

高稀缺性、高创造性和高流动性三大特征相辅相成，共同构成了高层次人才的核心属性。这些特征决定了其在现代社会中的不可替代性，同时也对人才政策、产业布局和区域发展战略提出了更高要求。只有通过构建完善的人才引进、培养和激励机制，才能充分发挥高层次人才的潜力，实现经济社会的高质量发展。

2.3.8 高层次人才在推动科技创新与产业融合中的关键作用

高层次人才在科技创新和产业融合中发挥着核心作用。他们不仅拥有前沿的科技知识和研发能力，还能够引领技术创新、推动企业战略调整和产业升级。高层次人才通过科研成果的转化、技术突破和管理创新，推动科技与产业的深度融合。例如，在人工智能领域，顶级科学家和技术专家的研究成果直接影响到技术的发展方向和应用领域，对产业的升级和转型具有重大影响。因此，培养和引进高层次人才是推动科技创新与产业融合的关键策略。

高层次人才在科技创新和产业融合中发挥着至关重要的作用，主要体现在以下几个方面：

1. 掌握前沿科技知识和突破研发能力

高层次人才通常具备深厚的专业知识和丰富的研发经验。这些人才包括顶级科学家、技术专家、研究院所的主任等，他们在各自领域的研究中处于前沿。例如，在人工智能领域，顶级科学家能够掌握最新的算法和技术趋势，推动人工智能技术的突破和应用。高层次人才的专业知识不仅能帮助解决复杂的技术问题，还能引领行业的发展方向。例如屠呦呦是中国著名药学家，她因发现青蒿素而获得诺贝尔生理学或医学奖。青蒿素是一种有效治疗疟疾的药物，这一发现对全球疟疾防治具有重大影响。屠呦呦的研究不仅在药物研发方面取得了重要突破，还体现了高层次人才在医学研究中的核心作用，她的研究推动了全球公共卫生领域的科技进步。

2. 引领技术创新

高层次人才在技术创新方面扮演着核心角色。他们通过深入研究和探索，开发出新技术、新产品或新工艺。例如，某些技术专家在半导体技术领域的研究可能会带来突破性的进展，从而推动相关行业的技术进步。高层次人才不仅可以在实验室中开发新技术，还能通过专利和学术论文影响整个行业的技术发展。例如，埃隆·马斯克以其在电动汽车和航天技术领域的创新著称。在电动汽车领域，特斯拉引领了电动车技术的突破，包括超级充电技术和全自动驾驶系统。SpaceX则在商业航天领域取得了重大的技术突破，如可回收火箭的开发，显著降低了太空旅行的成本。

3. 推动企业战略调整

高层次人才在企业战略制定和调整中具有重要作用。他们能够根据技术发展趋势和市场需求，提出前瞻性的战略建议。例如，某技术专家可能建议公司加大对某一新兴技术的投资，以把握未来的市场机会。通过高层次人才的战略眼光，企业可以及时调整战略方向，保持在行业中的竞争力。任正非是华为技术有限公司的创始人和总裁，他以其卓越的战略眼光和管理创新而著称。任正非领导华为从一家小型通信设备公司成长为全球领先的通信技术和智能手机制造商。他推行的"以客户为中心"的管理理念，以及在研发上的大力投入，使华为在全球市场中占据了重要位置，并推动了整个科技行业的发展。

4. 促进产业升级

高层次人才通过技术突破和科研成果的转化，推动产业的升级和转型。例如，在传统制造业中，引入先进的自动化技术和智能制造解决方案，可以显著提升生产效率和产品质量。这些技术的引入和应用往往依赖于高层次人才的研究成果和技术支持，从而实现产业的高端化和升级。例如马化腾是腾讯公司的创始人之一，他在互联网行业的领导作用推动了中国数字经济的飞速发展。腾讯不仅在社交网络和即时通信领域取得了显著成绩，还通过投资和开发新技术（金融科技和人工智能）促进了整个产业的升级。例如，腾讯的微信平台通过集成支付、社交和娱乐功能，推动了数字化服务的广泛应用。

5. 科研成果的转化

高层次人才不仅在技术研发中起到关键作用，还负责将科研成果转化为实际应用。这包括将实验室中的新发现应用于实际生产和商业中。例如，一项新的药物研发成果需要高层次的生物医学专家将其转化为市场上的药品，这一过程涉及从临床试验到生产制造的各个环节。科研成果的转化可以为企业带来显著的经济效益，并推动整个行业的技术进步。张旭是中国科学院院士，主要从事新材料和纳米技术的研究。他在有机光电子材料和光电器件方面的研究，推动了这些技术的实际应用。张旭的科研成果不仅在材料科学领域取得了突破，还在太阳能电池和显示技术等应用中发挥了重要作用，体现了科研成果向实际应用转化的关键作用。

高层次人才在科技创新和产业融合中扮演着不可替代的角色。他们不仅凭借前沿的科技知识和研发能力推动技术创新，还通过引领企业战略调整和产业升级，促进科技与产业的深度融合。培养和引进高层次人才是实现科技进步和产业转型的关键策略，有助于提升企业的创新能力和市场竞争力。

2.3.9 高层次人才引进岗位测算的理论基础

目前，引进高层次人才一般采用的是同行推荐的方式，但是只适合小规模的人才引进，由于双方信息不对称，引才方并不真正清楚自己产业所需，只是根据大概的印象进行判断，造成引进的人才水土不服，难以有效甄别应聘者的学术水平及影响力，存在较高的盲目性，无法有效提高高层次科技人才引进的效率。因此，高层次科技人员引进必须解决的两个关键问题是，一是产业发展究竟需要什么样知识技能水平的高层次人才，应该根据产业的发展提前设岗；二是如何获取这些人才的信息。高层次人才规模引进的岗位测算其核心点在于找到本地产业所需知识谱系中的薄弱或者缺失的部分。研究者可以通过计算知识网络中的薄弱节点，识别所需的关键岗位，同时将薄弱节点转换为引进岗位的知识信息，进而确定岗位类型与数量。

2004年，陈超美博士结合JAVA语言开发出科学计量学领域绘制和分析知识图谱CiteSpace信息可视化软件，研究者可以根据绘制好的知识图谱寻求知识网络中薄弱和缺失知识节点。

1. CiteSpace处理数据库中的相关数据

CiteSpace可以处理Web of Science引文索引数据库、中国知网（CNKI）数据库中的相关数据。

（1）Web of Science引文索引数据库（http://www.webofknowledge.com/）

Web of Science数据库包括五个子库：自然科学引文索引（Science

Citation Index Expanded）、社会科学引文索引（Social Sciences Citation Index）、艺术与人文引文索引（Arts & Humanities Citation Index）和会议录引文索引-科学（Conference Proceedings Citation Index-Science，CPCI-S）、会议录引文索引-社会科学及人文（Conference Proceedings CitationIndex-Social Sciences & Humanities，CPCI-SSH）。内容涵盖自然科学、工程技术、社会科学、艺术与人文等诸多领域内最具影响力的近万种学术期刊。ISI Web of Science 提供了其独有的检索机制：被引文献检索（Cited Reference Searching）。通过这一独特而强大的检索机制，可以轻松地回溯或追踪学术文献，既可以"越查越旧"，也可以"越查越新"，超越学科与时间的局限，迅速地发现在不同学科、不同年代所有与自己研究课题相关的重要文献。

（2）中国知网（CNKI）（https://www.cnki.net/）

中国知网，始建于1999年6月，是中国核工业集团资本控股有限公司控股的同方股份有限公司旗下的学术平台。知网是国家知识基础设施（National Knowledge Infrastructure，NKI）的概念，由世界银行于1998年提出。CNKI工程是以实现全社会知识资源传播共享与增值利用为目标的信息化建设项目，提供CNKI源数据库、外文类、工业类、农业类、医药卫生类、经济类和教育类多种数据库。其中综合性数据库为中国期刊全文数据库、中国博士学位论文数据库、中国优秀硕士学位论文全文数据库、中国重要报纸全文数据库和中国重要会议文全文数据库。每个数据库都提供初级检索、高级检索和专业检索三种检索功能。高级检索功能最常用。

2. 利用 CiteSpace 可以进行多种分析

利用 CiteSpace 软件可以绘制多种类型的知识图谱，以对目标数据的各个层面进行更透彻的分析。

（1）文献数量、文献国别、研究机构分析

运行该软件时，一组文献中每一年发表的文献数量信息以及文献之间形成的引用关系信息都可以直接得到。利用该软件还可以绘制出一组文献的国别知识图谱和研究机构知识图谱，并导出该组文献各个国家发表的文献数量信息。

（2）文献作者分析

作者分析能够得到研究领域中发表文献数量较多的研究人员以及其研究

成果在该领域中起到转折作用的研究人员，可直观获取领域中人才状况信息。

（3）研究热点分析

绘制出某一研究领域的文献被引用知识图谱以及关键词共现知识图谱，分析共引频次较高的文献及关键词，可以得出该研究领域中的研究热点，通过分析研究热点并对比两个不同地区的研究热点可以得出区域的发展差距。

第 3 章
重庆市产业发展与布局

3.1 重庆市经济产业发展情况

3.1.1 重庆市经济发展阶段

重庆是中国第四个直辖市、传统工业城市。重庆是中国工业第四城（2022年重庆的规模工业营收 2.82 万亿元，位居全国第四），也是工业强市 TOP 10 里面唯一的内陆城市，面积 8.24 万平方千米，常住人口 3 205 万人。1891 年开埠至今，重庆经历了四个重要的发展阶段。重庆自开埠通商以来，一直是川江工商重镇、财税重地。重庆工业第一次跨跃式发展是抗日战争时期。全面抗战爆发以后，重庆成为了战时大后方的工业中心，沿海工业内迁，促成了重庆工业迅速发展，金陵兵工厂、汉阳兵工厂等迁渝，集聚了全国主要兵器生产能力。重庆工业的第二次跨跃式发展是在"三线建设"时期。重庆是"三线建设"的重点地区，从 1964 年持续到 1980 年。以重庆为中心的常规兵器基地是国家"三线建设"投资建设的重点，形成了完整的船舶工业基地、重型汽车制造基地以及化工基地。"三线建设"奠定了重庆工业在全国的地位。1982 年，重庆工业固定资产跃升为全国大城市的第 5 位，工业总产值居第 7 位。重庆成为有重要影响的工业基地。

直辖以来，重庆经济社会发展成就显著，产业结构调整取得积极进展，重庆是制造重镇，制造业发展门类齐全、底蕴深厚、基础良好。支柱产业不断发展壮大，重庆目前形成了由汽摩、电子、装备、医药、材料、消费品和能源组成的"6+1"支柱产业体系，工业已形成汽车和电子双轮驱动，其他产业多点支撑的格局，如图 3.1 所示。制造业是重庆立市之本，强市之基。

重庆的经济发展历经了从传统农业到重工业，再到现代服务业和智能制造的逐步转型。未来，重庆将继续发挥西部枢纽的区位优势，依托成渝地区双城经济圈，深化绿色发展、技术创新和国际化合作，致力于建设内陆开放高地和经济高质量发展的典范城市。

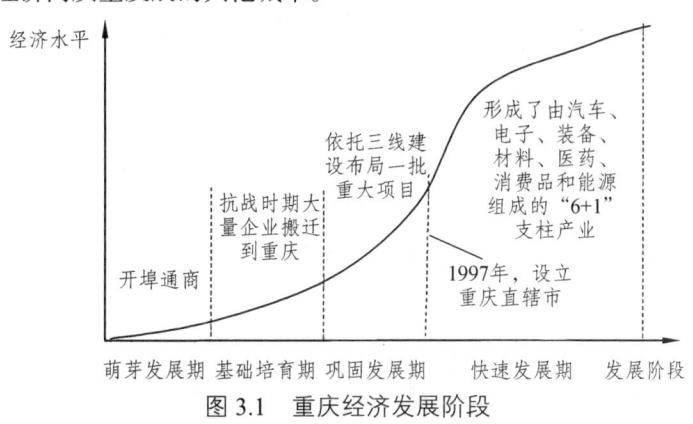

图 3.1 重庆经济发展阶段

3.1.2 2021年重庆市经济发展情况

2021年，重庆全年实现地区生产总值27 894.02亿元，比上年增长8.3%，两年平均增长6.1%。[①]

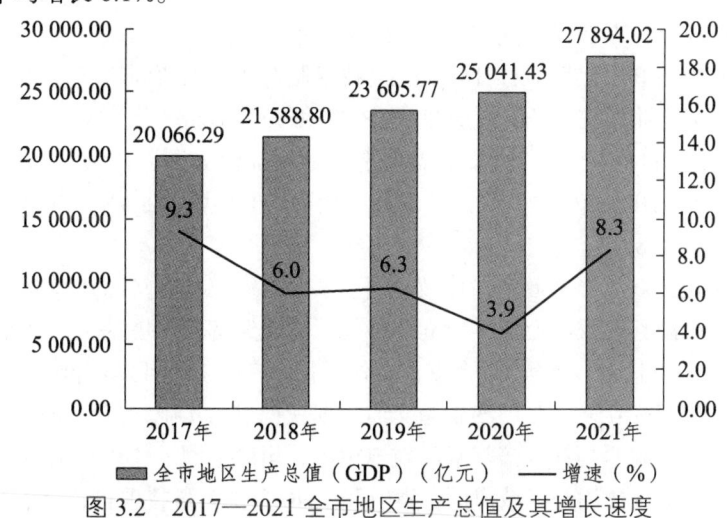

图 3.2 2017—2021全市地区生产总值及其增长速度

---

① 2021年重庆市国民经济和社会发展统计公报 https://www.cq.gov.cn/zwgk/zfxxgkzl/fdzdgknr/tjxx/tjgb/202203/t20220318_10523268.html

按产业分，2021年重庆市第一产业增加值1 922.03亿元，同比增长7.8%；第二产业增加值11 184.94亿元，同比增长7.3%；第三产业增加值14 787.05亿元，同比增长9.0%。三大产业结构比为6.9∶40.1∶53.0。全年人均地区生产总值达到86 879元，比上年增长7.8%。民营经济增加值16 628.56亿元，同比增长9.4%，占全市经济总量的59.6%。如图3.3所示。

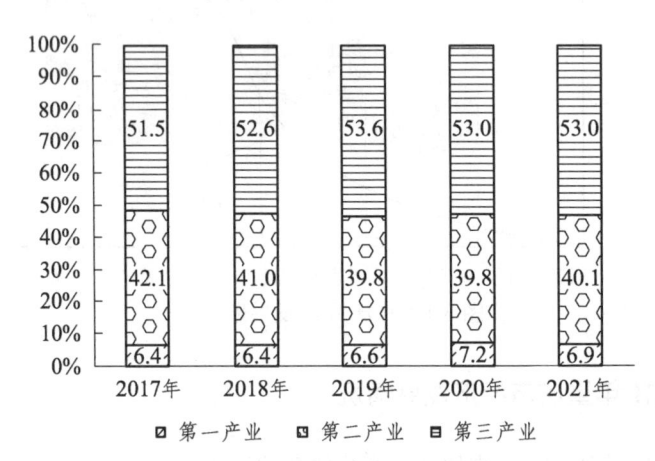

图 3.3　2017—2021三大产业增加值占全市地区生产总值比重

新产业新业态新模式逆势成长。2021年重庆市全年规模以上工业战略性新兴产业增加值比上年增长18.2%，高技术制造业增加值同比增长18.1%，占规模以上工业增加值的比重分别为28.9%和19.1%。新一代信息技术产业、生物产业、新材料产业、高端装备制造产业增加值分别同比增长18.6%、11.9%、19.6%和13.2%。全年高技术产业投资比上年增长8.4%，占固定资产投资的比重为8.5%。

成渝地区双城经济圈建设成效显著。全面落实双城经济圈建设规划纲要，召开两次川渝党政联席会议，设立300亿元双城经济圈发展基金，共同实施85项年度重点任务，推进67个重大合作项目，打造10个区域合作平台。推动基础设施互联互通，多层次轨道交通规划获批启动实施，成渝中线、郑万高铁重庆段、渝西高铁、涪江双江航电枢纽、川渝电网一体化等项目取得积极进展。推动科技创新区域协同，集中开工40个重大科技项目，合作共建6个重点实验室，组建成渝地区高新区联盟、技术转移联盟和协同创新联盟。推动产业发展协同协作，制定汽车、电子、装备制造、工业互联网高质量协同发展实施方案，获批共建工业互联网一体化发展示范区和全国一体化算力网络国家枢纽节点。

"一区两群"经济协调发展。建立健全"一区两群"协调发展工作调度机制和区县对口协同发展机制，促进各片区发挥优势、彰显特色、协同发展。重庆市2021年全年主城都市区实现地区生产总值21 455.64亿元，同比增长8.0%；渝东北三峡库区城镇群实现地区生产总值4 895.15亿元，同比增长9.1%；渝东南武陵山区城镇群实现地区生产总值1 543.19亿元，同比增长7.6%。从工业生产看，主城都市区产业门类齐全，配套体系完善。从投资看，渝东北三峡库区城镇群投资增长加快。从消费看，主城都市区消费市场持续复苏；两群地区在特色山地效益农业、文旅融合发展的推动下，消费市场呈现稳健复苏的良好态势。

全年实现工业增加值7 888.68亿元，比上年增长9.6%。规模以上工业增加值比上年增长10.7%。分经济类型看，国有控股企业增加值同比增长11.1%，股份制企业增加值同比增长10.7%，外商及港澳台商投资企业增加值同比增长10.5%，私营企业增加值同比增长10.0%。分门类看，采矿业增加值同比下降15.7%，制造业增加值同比增长11.6%，电力、热力、燃气及水生产和供应业同比增长12.8%。

全年规模以上工业中，分产业看，汽车产业增加值同比增长12.6%，摩托车产业增加值同比增长5.9%，电子产业增加值同比增长17.3%，装备产业增加值同比增长16.8%，医药产业增加值同比增长14.5%，材料产业增加值同比增长5.9%，消费品产业增加值同比增长8.9%，能源工业增加值同比增长3.4%。分行业看，农副食品加工业增加值同比增长14.0%，化学原料和化学制品制造业增加值同比增长4.3%，非金属矿物制品业增加值同比下降0.8%，黑色金属冶炼和压延加工业增加值同比增长11.5%，有色金属冶炼和压延加工业增加值同比增长6.4%，通用设备制造业增加值同比增长7.1%，铁路、船舶、航空航天和其他运输设备制造业增加值同比增长6.9%，电气机械和器材制造业增加值同比增长27.0%，计算机、通信和其他电子设备制造业增加值同比增长13.5%，电力、热力生产和供应业增加值同比增长15.6%。

全年规模以上工业企业利润总额比上年增长40.8%。分经济类型看，国有控股企业利润利润同比增长92.7%，股份制企业利润同比增长39.9%，外商及港澳台商投资企业利润同比增长48.2%，私营企业利润同比增长21.3%。

分门类看，采矿业利润同比下降 7.8%，制造业利润同比增长 44.0%，电力、热力、燃气及水生产和供应业利润同比增长 11.1%。

3.2 重庆市制造业重点支柱产业发展情况

经过长期艰苦奋斗，重庆制造业发展取得长足进展，基本完成由国家老工业基地向国家重要现代制造业基地转型。经济运行总体平稳，截至 2020 年，规模以上工业产值超过 2 万亿元，全部工业增加值近 7 000 亿元。产业体系更为健全，拥有全部 31 个制造业大类，基本建成门类齐全、产品多样的制造业体系。优势领域更加彰显，微型计算机、手机、汽车、摩托车产量占全国比重分别超过 24%、9%、6%、29%，建成国内最大己二酸、氨纶生产基地。市场活力不断增强，规模以上工业企业数量超过 6800 家，其中千亿以上企业 1 家、百亿以上企业 20 家（独立法人）。创新能力持续提升，累计建成国家重点实验室 10 个、国家企业技术中心 37 家，规模以上工业企业研发投入强度超过 1.6%、位居全国前列，12 英寸电源管理芯片、硅基光电子成套工艺等领域在国内率先实现突破。对外开放持续扩大，世界 500 强工业企业有 237 家在渝布局，工业领域利用外资连续 10 年保持在 40 亿美元以上，规模以上工业企业出口交货值占规模以上工业企业总产值比重提高至 19.4%。设施体系更加完备，构建起"2+10+36"产业园区体系，陆海互济、四向拓展、综合立体的国际大通道网络加快形成。

党的十九大以来，市委、市政府团结带领全市干部群众，顺应新一轮科技革命和产业变革趋势，谋划实施以大数据智能化为引领的创新驱动发展战略行动计划，推动制造业高质量发展专项行动，制造业高质量发展态势加速形成。数字经济蓬勃兴起，"智造重镇""智慧名城"加快建设，"芯屏器核网"补链成群，数字经济增加值占地区生产总值比重超过 25%。新兴产业快速壮大，规模以上工业战略性新兴产业、高技术产业占规模以上工业产值比重分别提高至 32%、28%。传统产业改造升级步伐加快，技术改造投资年均增长 15.6%，累计建成 67 个智能工厂和 359 个数字化车间，规模以上工业企业全员劳动生产率达 37.1 万元/人。

重庆市制造业重点支柱产业主要包括电子信息、汽车摩托车、装备制造、消费品和新型材料等。

3.2.1 汽摩与电子信息产业

2021年,重庆市汽摩产业、电子信息产业产值增长分别为14.2%、13.7%,占全市规模工业比重分别为19.8%、28.0%。

汽摩产业：重庆是全国最大的汽车、摩托车制造基地、仪器仪表基地,全国每8台汽车就有1台重庆制造。汽车工业在重庆GDP的贡献构成中,处于举足轻重的地位,重庆已经形成长安系为龙头、十多家整车企业为骨干、近千家零部件企业为支撑的"1+10+1000"产业集群,整体发展水平处于全国先进行列,新能源汽车产业已有较好基础,智能网联汽车发展处于国内先进水平。2021年汽摩产业实现"整车+零部件"双提升,全市生产汽车199.8万辆,博世庆铃氢燃料电池发动机等项目开工,比亚迪动力电池二期等项目建成,长安UNI—K、福特野马Mach—E等新车型上市,汽车产业增加值同比增长12.6%。

从汽车制造业人均产值看,重庆市明显低于广州、上海、合肥等城市,且低于全国均值。重庆市汽车产业仍处于中低端水平,需加大力度支持产业向高端化高质量发展。

电子产业：重庆电子产业形成全球最大电脑产业集群"品牌+代工+配套"的"5+6+800"产业体系,惠普、宏碁、华硕、东芝、富士通五大品牌;广达、富士康、英业达、仁宝、纬创、和硕六大代工企业;以及860余家零部件企业。已建成了全球最大的笔记本电脑生产基地,实现全球每3台笔记本就有1台重庆造。重庆市电子产业已构建完整产业链。90%以上种类的零部件均可在渝采购。企业向海外主要采购CPU、内存、硬盘。

2021年,电子信息产业加快补链成群,计算机年产量首次突破1亿台,京东方第6代柔性显示面板产线正式投产,华润微电子12英寸功率半导体晶圆生产线、康宁显示玻璃基板前段熔炉等项目落地,电子产业增加值同比增长17.3%。在电子产业板块,重庆市正在大力支持集成电路产业发展,并保持笔记本电脑产业稳定发展。

3.2.2 新兴产业创新发展情况[①]

全市落实科技自立自强要求,持续实施以大数据智能化为引领的创新驱

---

① 2021年重庆市高质量发展统计监测报告 https://tjj.cq.gov.cn/zwgk_233/fdzdgknr/tjxx/sjjd_55469/202205/t20220520_10737417_wap.html

动发展战略行动计划，深入推动科技创新，创新资源加速集聚，新兴产业迅速成长，发展新动能持续增强。

创新能力不断提升。获批建设全面创新改革试验区，编制科技进步路线图，制定实施基础研究行动计划，推出"科技成果转化24条"，持续优化创新生态。2021年，全市授权发明专利0.94万件，有效发明专利4.23万件，科技进步贡献率达到59.5%。创新主体不断壮大，截至2021年底，全市共有国家重点实验室10个，国家级工程技术研究中心10个，高端新型研发机构77个，国家级专精特新"小巨人"企业、高新技术企业、科技型企业分别达到118家、5108家、3.69万家。

新兴产业快速发展。实施支柱产业提质工程、战略性新兴产业集群发展工程和产业链供应链现代化水平提升工程，"一链一策"建设33条重点产业链，加快推动产业向高端化、智能化、绿色化升级。2021年，全市高技术制造业和战略性新兴制造业增加值分别增长18.1%和18.2%，分别高于规上工业增加值7.4和7.5个百分点。新一代信息技术产业、生物产业、新材料产业、高端装备制造产业增加值分别增长18.6%、11.9%、19.6%和13.2%。

大数据智能化加快推进。"芯屏器核网"全产业链不断壮大，2021年，全市新集聚大数据智能化企业1000余家，新认定智能工厂38个、数字化车间215个，工业互联网标识解析国家顶级节点（重庆）接入二级节点20个，国家级互联网骨干直联点带宽达到590G、骨干互联网直联城市达到38个。"云联数算用"全要素群加速聚集，京东、中科曙光等高性能算力设施相继布局，建成5G基站7.3万个，上云企业达到10.1万户。

当前，新发展格局的构建极大拓展了重庆制造业发展空间。重庆作为国家中心城市和西部地区唯一直辖市，兼具区位优势、生态优势、产业优势、体制优势。在国内大循环中，西部地区加快工业化、城市化进程，为重庆制造业发展提供了广阔市场空间；在国际循环中，重庆已构建起西部陆海新通道、中欧班列（成渝）等国际贸易大通道，为重庆制造业要素集聚和产成品输出提供了便利条件；成渝地区双城经济圈建设为重庆制造业发展壮大注入强大动力，将有效促进国内两大制造业基地生产要素资源合理流动、高效聚集、优化配置，实现两地产业链协同、产业政策协同、公共平台协同，增强区域制造业整体竞争力和影响力，达到"1+1>2"的效果。大数据智能化的率先实践给重庆制造业转型升级指明了有效路径。通过持续推进大数据智能化发展战略，全市数字产业化、产业数字化进程不断加快，在新一代信息技术赋能制造业转型升级上走在全国前列。高度契合全球新一轮科技革命和产业变革的趋势，让重庆在全球产业竞争中占据了先机。

3.3 重庆市制造业的产业布局

3.3.1 "2+6+X"产业布局

2022年3月2日重庆市人民政府发布了《重庆市战略新兴产业发展"十四五"规划》（以下简称"规划"）。到2025年，重庆市战略性新兴产业发展要实现四大目标：产业规模迈上万亿台阶，产业集群形成发展梯次，企业主体实力持续增强，产业创新能力显著提高。重点打造的是：

汽摩产业：（1）培育打造五千亿级汽车集群，加快新车型开发，推动产品和品牌向上发展，重塑中国汽摩名城竞争优势；（2）着力打造国际一流的新能源及智能网联汽车产业生态，建设国内领先的动力电池产业基地、氢燃料电池应用示范基地和国内先进的汽车电子产业基地。

电子产业：（1）培育打造万亿级电子信息产业集群，拓展产品种类、完善配套体系、打造创新生态，巩固全球计算机、手机生产基地地位。（2）新一代信息技术产业着力推动人工智能、大数据、边缘计算等技术在软硬件产品中植入渗透，建设国家重要的功率半导体器件、柔性超高清显示、新型智能终端、先进传感器及智能仪器仪表产业基地和中国软件名城。

重庆市第五届人民代表大会第五次会议也明确通过：在汽摩产业方面，抓住智能新能源汽车发展机遇，加快长安、金康、吉利、理想等高端新能源整车项目建设生产，推进长安汽车软件园、国家氢能动力质量监督检验中心等平台建设，增强动力电池、汽车电子等关键核心零部件配套能力，完善充换电设施，试点建设车路协同体系，加快建设国家级车联网先导区，构建智能新能源汽车产业新生态。在电子产业方面，以发展集成电路、电子核心元器件为重点，进一步做优做强产业集群，推进华润晶圆制造及先进封装、四联传感器MEMS制造等项目建设，加快康佳Micro LED关键技术研发。

重庆市政府工作报告中明确确定：奋力抓好以制造业为重点的产业转型升级，加快构建现代化产业体系。谋划实施制造业提质增效行动，深化制造强市、质量强市、网络强市、数字重庆建设，推进产业体系全面升级发展，推动制造业高质量发展。巩固传统产业优势地位，"链群并重"促进电子信息产业向上下游延伸，"整零协同"推动燃油汽车向高端化、智能化、新能源化转型，持续推动摩托车产业转型发展，提高传统机械装备成套化、精密化、智能化水平，加大冶金建材化工行业低碳化、清洁化、循环化改造力度，推动轻纺食品产业增品种、提品质、创品牌，提升煤电油气、原材料等资源保障能力，打造更具韧性和竞争力的产业链。壮大战略性新兴产业，深入实施世界级智能网联新能源汽车产业集群发展规划，提速建设长安、赛力斯等新能源汽车整车及配套项目，一体规划建设运营"充储泊"设施，构建完整产业生态链；提速特色工艺集成电路项目建设，提升数模转换、汽车电子、传感器等领域产业竞争优势；做大做强机器人、轨道交通装备、风电机组等高端装备；加快建设国家重要轻合金、玻璃纤维及复合材料、合成材料产业基地；丰富体外诊断产品，推动疫苗、抗体药物等商业化，建设全国大健康产业融合发展先行区；加快海辰储能西南智能制造中心等项目建设，推进新能源与新型储能相互促进、协同发展，力争战略性新兴产业增加值增长 12%。前瞻布局未来产业，积极参与国家未来产业孵化与加速计划，加快人工智能、硅基光电子等前沿技术产业化，提速建设重庆卫星互联网产业园，共建成渝国家氢燃料电池汽车示范城市群。

总结起来就是"2+6+X"。"2"：建设智能网联新能源汽车、电子信息制造业两大万亿级产业集群；"6"：打造特色工艺集成电路、新型显示、智能装备、先进材料、生物医药、新能源及新型储能等 6 大特色产业集群；"X"：培育人工智能、卫星互联网、绿色低碳等未来产业集群。"2+6+X"是重庆近年来，首次脱离最早的"1+2+7+36"，和后期突出"西部科学城+两江新区"的地域产业空间概念，是关于重庆传统优势和新兴产业方向的最新表述，也是新重庆现代化产业发展线路图的核心。

3.3.2 "416"科技创新战略布局与"33618"产业布局

重庆市委市政府提出建设现代化新重庆的发展战略，在经济发展方面，定下了到 2027 年重庆 GDP 和人均 GDP 分别迈过 4 万亿元、12 万元大关的发展目标。这意味着，届时重庆在经济总量上将跃居一线城市，在人均上也逼近 2 万美元的发达经济体标准。这同时也意味着，从 2023 年开始，到 2027

年，这五年重庆的 GDP 至少需要保持不低于 6.7%的年增长（2022 年重庆 GDP2.91 万亿元，人均 GDP9.065 万元）。那必须推动重庆制造业高质量发展。6 月 5 日，重庆市召开推动制造业高质量发展大会，提出要着力打造"33618"现代制造业集群体系，迭代升级制造业产业结构，全力打造国家重要先进制造业中心。在这一进程中，加快建设具有完整性、先进性、安全性的现代制造业集群体系将是"关键一招"。按照《深入推进新时代新征程新重庆制造业高质量发展行动方案（2023—2027 年）（征求意见稿）》（以下简称《行动方案》），重庆提出立足现有基础，放大特色优势，构建"四梁八柱"，推动全市制造业形成上下游协作、高中低端协同的融合集群发展，培育高能级的"33618"现代制造业集群体系。

目前，重庆制造业的产业布局正发生重要的战略级变化。具体来说，就是重庆市"416"科技创新战略布局和"33618"现代制造业集群。所谓"416"就是重庆聚力打造数智科技、生命健康、新材料、绿色低碳 4 大科创高地，积极发展人工智能、区块链、云计算、大数据等 16 个重要战略领域，构建"416"科技创新战略布局，具有全国影响力的科技创新中心建设提速提档。

现代制造业集群从之前确定的"2+6+X"调整为"33618"。第一个"3"：聚力打造智能网联新能源汽车、新一代电子信息制造业、先进材料 3 大万亿级主导产业集群；第二个"3"：升级打造智能装备及智能制造、食品及农产品加工、软件信息服务 3 大五千亿级支柱产业集群；"6"：创新打造新型显示、高端摩托车、轻合金材料、轻纺、生物医药、新能源及新型储能 6 大千亿级特色优势产业集群；"18"：聚焦未来产业和高成长性产业，培育壮大 18 个"新星"产业集群，即培育卫星互联网等 6 个未来产业集群，以及功率半导体及集成电路、AI 及机器人、12 个五百亿级、百亿级的高成长性产业集群。

相比"2+6+X"产业布局，"33618"不仅增加了一个万亿级主导产业集群（先进材料），还确定了 3 个五千亿级支柱产业集群和 6 个千亿级特色优势产业集群。另外，之前不明确的"X"，也明确为聚焦未来产业和高成长性产业培育壮大 18 个"新星"产业集群。不仅层级规模大幅升级，囊括的产业数量也大幅扩展，产业对象也更加清晰。一是要塑造重庆"数字制造·智慧工业"新名片，打造国家智造重镇。二是要着力打造长江上游制造业绿色低碳发展示范区，大力发展绿色低碳产业。三是要着力建设国家重要产业备份基地，积极争取国家重大项目落地，主动承接东部地区产业转移，为维护产业链供应链安全作出新贡献。

2023年6月，市委、市政府高规格召开全市推动制造业高质量发展大会，提出着力打造"33618"现代制造业集群体系，要求各区县要建立"名品＋名企＋名产业＋名产地"产业集群提升机制，打造各具特色、互补促进的产业集聚区。今年7月，市委办公厅、市政府办公厅印发《深入推进新时代新征程新重庆制造业高质量发展行动方案（2023—2027年）》，提出分区县确立核心产业，原则上不超过2个主导产业和若干特色产业，加快编制产业地图。

《重庆市先进制造业发展产业地图（2023年）》以各区县（自治县）和两江新区、西部科学城重庆高新区、万盛经开区（以下统称区县）为基本单元，围绕"33618"现代制造业集群体系，由各区县结合本地产业基础、资源禀赋、物流条件等综合因素，从先进制造业细分产业选项中选择不超过2个优先发展的主导产业（两江新区、西部科学城重庆高新区不超过3个）和不超过4个重点发展的特色产业，作为今后一段时期各区县先进制造业的发展重点，形成区域布局。

以重庆市聚力打造的3大万亿级主导产业集群为例，如图3.10所示，在智能网联新能源汽车领域，"整车-乘用车"产业主要集中在两江新区、江北区、沙坪坝区、渝北区、巴南区、江津区、永川区等；"整车-商用车"产业主要集中在西部科学城重庆高新区、九龙坡区、万州区、武隆区等；"零部件-智能驾驶"产业主要集中在永川区、大足区等。

在新一代电子信息制造业领域，智能手机产业主要集中在南岸区、渝北区等；AI及服务机器人产业主要集中在九龙坡区等；电子零部件（元器件）产业主要集中在璧山区、潼南区、万盛经开区、巫山县等。

在先进材料领域，前沿新材料产业主要集中在江北区、北碚区等；先进钢铁材料产业主要集中在万州区、涪陵区、长寿区等；再生资源产业主要集中在大足区等。如图3.4为《重庆市先进制造业发展产业地图（2023年）》，是制造业发展规划的引导性文件，旨在引导各区县找准细分赛道，促进各区县分工协作、特色发展，以区县专业细分集群建设支撑市域世界级先进制造业集群建设。同时引导市外招引项目和市内转移项目按照"对口""首谈"原则布局，市级有关政府资源在向区县配置时原则上聚焦各区县主导产业及特色产业方向。

图 3.4　重庆市先进制造业发展产业地图·中心城区
来源：重庆市政府网站 https://www.cq.gov.cn

因此未来几年是重庆落实国家重大战略、推动现代化建设开局起步的关键期，也是重庆制造业跨越新关口、培植新优势、迈上新台阶的关键期。要牢牢把握制造业高质量发展目标任务，着力抓好重点工作，加快推进制造业质量变革、效率变革、动力变革，在规模能级、创新赋能、结构优化、绿色低碳转型、空间布局、企业主体升级上实现新突破，推动制造强市迈出重大步伐。因此，重庆对高层次人才的渴求更为迫切。

3.4　科技创新与产业融合发展的现状

3.4.1　重庆市科技创新发展现状

近年来，重庆市紧紧围绕"创新驱动发展"战略，积极推动科技创新的政策制定与落实，依托国家级高新技术产业开发区和自贸试验区的优势，不断提升科技创新能力，带动全市产业结构的优化升级。

1. 科技创新的政策支持与成果

重庆市科技创新的快速发展，得益于各级政府的大力政策支持。近年来，重庆市先后出台了一系列推动科技创新的政策文件，形成了较为完善的创新政策体系，重庆市积极响应国家创新驱动战略，制定了《重庆市创新驱动发展战略行动计划（2018—2022年）》等政策文件，提出要大力发展高新技术产业、加快构建现代产业体系，以科技创新推动全市经济的高质量发展。政府通过专项资金、税收优惠、金融支持等方式，鼓励企业、高校、科研机构加大对科技研发的投入。近年来，重庆市财政对科研项目的支持力度不断加大，R&D（研究与开发）经费持续增长，2022年全市R&D经费投入达到近年来的新高，占GDP比重持续提升。重庆市通过推动"大众创业、万众创新"政策，为创新型中小企业提供一系列扶持措施，如提供融资渠道、创新孵化基地等，促进企业在科技领域的创新活力。同时，重庆市还积极推动科技园区建设，打造高新技术企业集聚区，为科技创新企业提供优越的研发环境和政策支持。为确保科技创新能够持续发展，重庆市出台了人才引进和培养政策。通过"鸿雁计划""高层次人才引进计划"等，重庆市引入了一大批高层次科技创新人才，并依托本土高校和科研机构，加大对创新型人才的培养力度。

在政策支持的引导下，重庆市在科技创新领域取得了一系列重要成果，具体表现在以下几个方面：高新技术企业迅猛发展。截至2022年，重庆市的高新技术企业数量已突破7000家，涵盖电子信息、生物医药、智能制造、新能源等多个战略性新兴产业。这些企业在自主研发和创新能力上不断提高，推动了全市科技创新的整体水平。重大科技成果涌现。重庆市在科技研发上取得了一系列具有国际影响力的重大突破。例如，长安汽车在新能源汽车领域的技术创新，已经实现从传统汽车向智能网联汽车的转型；在生物医药领域，重庆市的科研团队也在新药研发、疫苗创新方面取得了显著成绩。创新平台建设。重庆市积极推动创新平台的建设，目前已形成国家级创新基地、科技创新园区和企业孵化器等多层次的创新平台体系。重庆两江新区、高新区等区域，依托科技创新平台，形成了以创新驱动为核心的产业集群。

2. 创新驱动下的产业结构变化

在科技创新的推动下，重庆市的传统制造业正在加速转型升级。通过引入智能制造技术，推动工业4.0应用，重庆市的传统制造业正在实现向智能化、数字化和绿色化的转型。例如，作为重庆市的支柱产业之一的汽车制造业，汽车产业正在通过智能制造和新材料技术的引入，实现生产效率的提升和成本的降低。长安汽车、上汽红岩等企业通过自主研发电动汽车、智能网联汽车，成功占据了国内新能源汽车市场的重要份额。

重庆市的电子信息产业也依托科技创新加速升级，依靠人工智能、5G、大数据等新技术，推动生产模式的智能化转型。2022年，重庆市的笔记本电脑（以下简称"笔电"）生产基地继续保持全球重要地位，笔电年产量位居全球前列。

科技创新不仅推动了传统产业的转型升级，还催生了大量新兴产业的崛起，形成了新的经济增长点。重庆市依托高等院校和科研机构的研发能力，在生物医药领域取得了显著进展。新药研发、基因技术、精准医疗等领域的创新成果，带动了重庆市生物医药产业的快速崛起。重庆市大力发展数字经济，依托大数据智能化发展战略，形成了以人工智能、大数据、物联网等为核心的新兴产业集群。重庆两江新区的互联网科技园、数字经济产业园等平台吸引了大量科技创新企业的落户。

科技创新驱动的产业结构优化不仅体现在单一行业，还体现在跨行业、跨区域的协同创新发展。例如，重庆通过与成都、武汉等城市的协同创新合作，推动区域间的产业链联动，形成了跨区域的科技创新带，带动区域整体经济的协同发展。

重庆市科技创新发展现状展现出政策支持、企业创新、产业升级等多方面的成果。通过大力发展科技创新，重庆市正在构建起以高新技术产业为核心的现代化产业体系，传统制造业得以升级，新兴产业快速崛起，产业结构逐渐实现从劳动密集型向技术密集型的转变。未来，随着创新驱动战略的深入实施，重庆市有望进一步提升其在全国科技创新版图中的地位，推动经济的高质量发展。

3.4.2 重庆市产业融合的实践与成效

近年来，重庆市在科技创新驱动下，大力推动产业融合发展，逐步形成了多产业协同发展的格局，显著提升了全市经济发展的质量与效益。

1. 重点产业的融合案例分析

重庆市通过引入先进技术和创新模式，推动了传统产业与新兴技术的深度融合，打造了一系列产业融合的典型案例，以下是几个重点产业融合的成功实践：

（1）汽车制造业与大数据、人工智能的融合

重庆市作为中国重要的汽车制造基地，近年来积极推动传统汽车制

造业与大数据、人工智能技术的深度融合，致力于智能网联汽车的研发与产业化。

长安汽车的智能网联汽车。长安汽车是重庆市汽车产业的重要代表。近年来，长安汽车通过与科技企业合作，融入大数据分析、人工智能和5G技术，成功开发了多款智能网联汽车产品。公司还与腾讯、华为等科技巨头合作，推出了具有自动驾驶功能的智能汽车，推动了传统汽车制造业向智能化方向发展。

两江新区的智慧交通体系。作为重庆市产业融合的示范区，两江新区依托大数据、物联网技术，建设了智慧交通体系，应用于无人驾驶测试、智能交通管理等场景。该体系的实施提升了交通的效率和安全性，同时为汽车产业链的智能化发展提供了支持。

（2）电子信息产业与智能制造的融合

重庆市电子信息产业拥有强大的基础，近年来通过智能制造技术的引入，形成了传统制造与智能化生产的有机结合，推动产业向高附加值领域迈进。

重庆笔电产业与智能制造技术融合。重庆是全球重要的笔电生产基地，近年来，电子信息产业与智能制造的深度融合，显著提高了产业的竞争力。联想、惠普、宏碁等企业通过智能化生产线的建设，实现了产品设计、制造、测试、包装全流程的自动化管理，生产效率显著提升，同时降低了成本。这种智能化生产模式不仅提高了企业竞争力，还为上下游产业链的协同发展提供了有利条件。

京东方的柔性显示技术。重庆京东方在液晶显示领域取得了突破性进展，其自主研发的柔性显示技术已经进入全球市场。通过引入智能制造设备，京东方实现了从研发到生产的智能化集成，标志着重庆市电子信息制造业在高端领域的技术突破与融合发展。

（3）生物医药与大数据的融合

在生命科学和大数据技术快速发展的背景下，重庆市的生物医药产业也呈现出产业融合的良好势头，特别是在健康数据管理、精准医疗和基因技术等领域，产业融合成效显著。

西南医院精准医疗中心。西南医院通过引入大数据技术，建设了重庆市首个精准医疗中心,结合基因测序、大数据分析技术,对患者的病历、基因数据进行智能化分析,从而制定个性化的治疗方案。这一技术的引入使得重庆市在生物医药与大数据融合领域的领先地位得到了进一步巩固。

医疗与大健康产业链的整合。重庆市积极推动生物医药产业与大健康产业链的整合,通过与大数据企业的合作,打造了一系列涵盖健康管理、远程医疗、医疗设备等领域的产业集群,形成了生物医药产业的全链条发展模式。

2. 产业链协同发展的趋势

在科技创新和产业融合的推动下,重庆市的产业链协同发展趋势明显,多个产业链上下游企业在技术、资源和市场等方面形成了紧密的联动,为区域经济的发展注入了新的动力。

(1)制造业产业链协同创新

制造业一直是重庆市的支柱产业,随着科技创新的深化,制造业上下游产业链的协同效应逐渐增强。

汽车制造产业链的协同发展。汽车制造业是一个高度复杂且依赖供应链协作的产业。在智能网联汽车的推动下,重庆市的汽车产业链形成了从研发、生产、零部件供应、销售到售后服务的全方位协同网络。例如,长安汽车与多家本地零部件供应商、科技企业以及相关研究机构展开了广泛合作,共同推动汽车智能化技术的研发和应用,形成了较为完整的智能汽车产业链生态。

智能制造产业链的横向协作。重庆市智能制造领域的上下游企业通过技术共享、资源整合等方式,实现了横向产业链的深度协作。例如,重庆市的工业机器人制造企业与智能装备制造企业的合作,不仅推动了产品生产的智能化,也促进了整个制造产业链的技术升级。

(2)电子信息产业链协同发展

重庆市电子信息产业链的协同发展体现在从基础电子元器件生产、整机装配到软件开发、服务支持的全流程协作。

笔电产业链的协同创新。重庆市的笔电制造产业链不仅涵盖了硬件制造,还逐渐向上游的软件开发和系统集成延伸。通过与人工智能、云计算技术的结合,重庆市电子信息产业链的协同发展模式在全球市场中占据了重要位置。

例如，全球领先的笔电制造企业与本地软件开发公司展开合作，将智能化应用集成到笔电产品中，增强了产品的竞争力。

5G产业链的协同布局。随着5G技术的推广，重庆市的电子信息产业链加速布局5G相关设备、技术研发与配套服务体系。重庆与多家国内外通信设备供应商、5G技术服务提供商密切合作，逐步形成了完整的5G产业链体系。

（3）区域间协同创新发展

除了市内产业链的协同发展，重庆市还与周边省市建立了区域协同创新机制，通过资源共享和产业联动，实现了跨区域的产业链整合。

成渝双城经济圈的协同创新。重庆与成都共同构建的成渝双城经济圈是国家级战略，通过科技创新和产业融合，推动两地在高端制造、新一代信息技术、生物医药等领域的协同发展。成渝两地的企业和科研机构通过技术合作和市场共享，实现了资源互补和产业链的无缝衔接，促进了西部地区整体经济的高质量发展。

区域内协同发展。在重庆市内部，依托两江新区、西部科学城等重点区域，逐渐形成了创新资源共享、技术协同发展的区域联动机制。例如，两江新区通过构建开放式的创新平台，吸引了大量高新技术企业落户，带动了区域内其他产业的协同发展。

重庆市在产业融合的实践中，通过政策引导、科技创新和产业协同，成功推动了传统产业与新兴技术的融合，形成了多个产业融合的典型案例，涵盖汽车制造、电子信息、生物医药等重点领域。同时，产业链上下游的协同发展趋势愈加明显，企业间的资源共享和技术合作为全市经济带来了新的活力。未来，随着科技创新的不断深化，重庆市的产业融合发展将进一步加速，助力区域经济的高质量发展。

3.5 科技创新与产业融合背景下的人才需求

3.5.1 新兴技术对人才需求的影响

在科技创新和产业融合的背景下，人才作为推动技术进步和产业发展的核心要素，面临着全新的机遇和挑战。

新兴技术的快速发展和应用对各行业的人才需求产生了深远的影响。人工智能、5G、大数据、区块链等技术正在颠覆传统的生产和管理模式，人才需求发生了以下几个关键变化：

1. 高端技术人才需求增加

新兴技术的不断涌现使得企业对具备高技术水平和创新能力的人才需求激增，特别是在人工智能、物联网、云计算、区块链等前沿科技领域。高端技术人才成为科技创新的主力军，这类人才需要具备深厚的专业技术知识和研发能力，能够开发出具有市场竞争力的新产品和新服务。

人工智能已经成为众多行业变革的推动力，涉及自动驾驶、智能制造、智能医疗等多个领域。这些技术的发展迫切需要具备机器学习、深度学习算法的技术人才。

随着数据成为新的生产要素，企业对大数据分析师、数据科学家、云计算架构师等相关人才的需求急剧上升，这些人才需要能够处理海量数据、优化数据存储与计算，帮助企业做出数据驱动的决策。

2. 跨学科技术人才需求扩大

新兴技术的发展往往涉及多个学科的交叉融合，因此，对跨学科技术人才的需求显著增加。传统的单一学科背景已经无法满足科技创新的复杂性和多样化需求，越来越多的行业需要具备跨学科能力的人才。

在生物医药领域，生物技术与信息技术的结合使得精准医疗成为可能，企业需要既懂生物医学知识，又掌握大数据、AI 分析能力的跨学科人才。

智能制造领域中，机械工程师需要掌握信息系统、传感器技术、控制系统设计等跨领域知识，才能适应智能化工厂的需求。

3. 软硬件结合型人才的紧缺

随着物联网、智能设备的普及，软硬件结合型人才在市场上变得尤为稀缺。传统的软件开发和硬件设计岗位已经不足以应对智能硬件产业的需求，企业更加青睐能够同时掌握硬件设计与软件开发的人才。

物联网的广泛应用使得能够开发物联网硬件、并设计其相关控制软件的复合型人才成为市场上的热点。

在机器人领域，能够设计机器人硬件结构、同时编写控制系统软件的工程师成为企业争相招募的对象。

3.5.2 产业融合对复合型人才的需求

产业融合是多个行业、领域通过技术和资源的深度整合，形成新的产业模式或推动产业升级的过程。在这一过程中，单一领域的专业人才已经难以满足融合产业的需求，复合型人才成为产业融合发展的重要推动力量。具体体现在以下几个方面：

1. 跨行业知识的复合型人才

产业融合需要人才具备多领域的知识背景和技能组合，能够适应不同产业的技术要求与商业模式。因此，具有跨行业经验的复合型人才成为企业发展的关键。

在智能网联汽车领域，汽车工程师不仅需要掌握机械设计与制造的专业知识，还需要了解车联网、自动驾驶软件开发等信息技术。长安汽车等重庆市的龙头企业在推进智能网联汽车时，正通过招募兼具汽车和信息技术行业背景的复合型人才，来促进技术的快速落地。

精准医疗、基因测序等技术的发展依赖于生物医药与人工智能的深度融合，这就要求人才既懂得生物医学原理，又能操作和开发 AI 数据分析工具。这类复合型人才可以推动跨领域技术的快速应用，提升医疗产业链的创新效率。

2. 管理与技术复合能力的人才

产业融合不仅涉及技术的整合，也需要在管理方面实现创新。因此，既懂技术又具备管理能力的复合型人才在产业融合过程中尤为重要。企业需要这些人才在技术落地、项目管理、资源协调等方面发挥关键作用。

科技型企业在推动智能制造时，需要既能理解技术开发、生产流程，又能进行团队管理、项目规划的复合型人才。能够进行产业链上下游协同、资源整合的复合型管理人才，成为推动产业融合的中坚力量。

产业融合往往涉及技术的商业化应用，具备技术背景和市场敏锐度的复合型人才可以帮助企业将技术转化为商业价值。在科技成果转化和技术孵化过程中，这类人才可以有效推动技术在产业中的快速落地，帮助企业在市场竞争中占据优势。

3. 创新思维与实践能力兼具的人才

产业融合强调创新驱动，而创新不仅需要扎实的技术知识，还要求人才具备强烈的创新思维和实践能力。能够通过创新思维解决跨行业难题、推动技术与市场的结合，是产业融合过程中极为重要的人才类型。

在文化创意产业与数字技术的融合中，重庆市的文旅产业已经涌现了一批融合文化创意、虚拟现实技术等复合型人才，他们通过创新思维将传统文化与新兴数字技术结合，打造出更具吸引力的文旅产品。

具备创新意识和实践能力的企业家也是产业融合中的重要力量，他们能够识别市场机会，推动新技术的应用，并带领企业在融合产业中取得竞争优势。

在科技创新与产业融合背景下，人才需求呈现出高端技术化、跨学科、跨行业以及管理与技术复合型等多样化特征。新兴技术的发展要求企业不断吸引和培养高端技术人才，特别是具备跨学科和软硬件结合能力的创新型人才。同时，产业融合对复合型人才的需求更加突出，企业需要能够横跨多个行业、具备技术与管理双重能力的人才来推动融合发展的进程。这一趋势为重庆市的人才战略提供了明确的方向，未来应着力培养符合这些新需求的复合型人才，以进一步推动产业升级和科技进步。

第 4 章
重庆市高层次人才引进岗位分析

综前所述，高层次人才对于国家以及重庆市经济社会发展具有明显的促进作用，国家以及重庆市也出台了大量的政策引进高层次人才，成效显著。但目前仍存在因重庆产业提档升级对高端人才的需求以及重庆市高层次人才有高原无高峰、拔尖人才和领军人才不足的问题。本研究使用 Cite Space 可视化软件通过对比国内与国际某领域知识图谱的差异，了解国内该研究领域的差距与不足，将知识网络中的薄弱和缺失知识点的计算和判别转化为岗位确定与测算问题。将传统一般人才招聘工作的人岗匹配，转化为超前设岗，从而实现高层次人才引进工作的科学有效性。

重庆近期的产业规划布局主要经历了"1+2+7+36"产业布局，"2+6+X"产业布局，到"33618"产业布局，清晰规划重庆传统优势和新兴产业方向的最新表述，这是新重庆现代化产业发展线路图的核心。限于研究篇幅，本研究就其中两个主要的关键技术领域进行研究。一是代表制造业优势的机器人产业的研究与发展，二是代表未来发展的人工智能技术的研究，并提出相应的岗位建议。

4.1 国际机器人产业知识图谱的绘制与分析

4.1.1 国际机器人产业数据来源与数据预处理

本文数据来源于美国科学情报研究所（ISI）开发的 Web of Science 数据

第 4 章
重庆市高层次人才引进岗位分析

库。在 Web of Science 数据库中以"TS=robot NOT（CI=Chong Qing）"为主题词，文献类型选择"article"，时间范围为"2010—2022 年"，进行检索，就可以得到国际机器人研究领域的英文期刊文献题录数据。每一条题录数据包括文献的题目、作者、摘要和引文信息，采用全纪录格式保存为 CiteSpaceⅡ可以识别的数据格式，共检索到 20707 篇文献。收集数据截止日期是 2022 年 6 月 1 日。

运用 CiteSpaceⅡ软件对收集到的数据进行处理，选择时间分区分别为"2010—2022 年"，时间切片为 1，节点类型分别选择研究机构、被引文献及关键词，选择 top30 按钮，设置完毕点击运行可以得到相应的知识图谱。

4.1.2 研究机构分布

利用 CiteSpaceⅡ绘制出国际 2010—2022 年机器人研究领域的图谱（如图 4.1）。

图 4.1 是由大小不等的多个节点形成的网络图形，每个节点代表一个研究机构，节点的大小与该研究机构的发文数量成正比。节点外形成的多颜色年轮代表每一年的文献发表状况，颜色代表文献发表时间，年轮的厚度表征该年度文献分区内的文献发表数量。

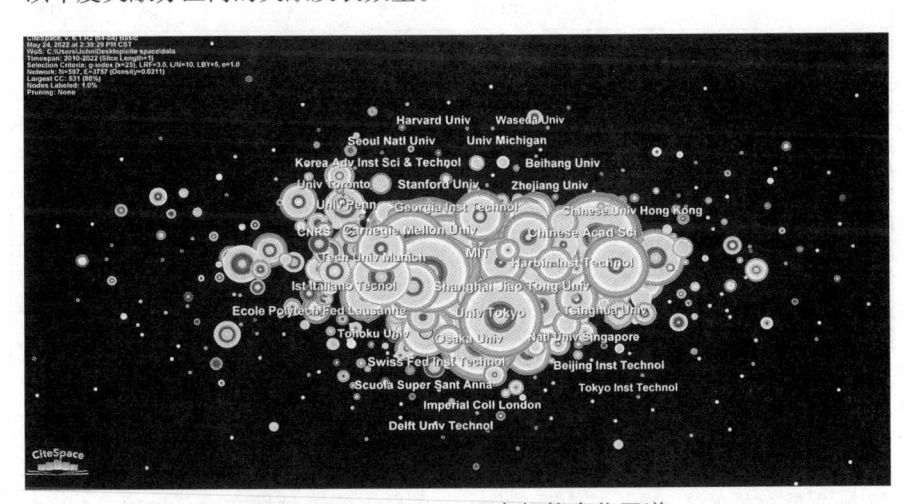

图 4.1　2010—2022 研究机构合作图谱

通过 CiteSpace 的数据统计功能，可以得到发文数量居前 10 位的研究机

065

构的相关信息，如表 4.1 所示。

表 4.1 研究机构文献数量统计表 Top 20

排序	频次	机构	国家	中心性
1	358	MIT（麻省理工学院）	美国	0.11
2	302	Carnegie Mellon Univ（卡耐基梅隆大学）	美国	0.11
3	294	Harbin Inst Technol（哈尔滨工业大学）	中国	0.03
4	274	Chinese Acad Sci（中国科学院）	中国	0.07
5	261	Shanghai Jiao Tong Univ（上海交通大学）	中国	0.02
6	248	Univ Tokyo（东京大学）	日本	0.07
7	231	Osaka Univ（大阪大学）	日本	0.06
8	230	Georgia Inst Technol（乔治亚理工学院）	美国	0.04
9	229	Tech Univ Munich（慕尼黑理工大学）	德国	0.06
10	215	Ist Italiano Tecnol（意大利热那亚实验室）	意大利	0.08
11	203	Stanford Univ（斯坦福大学）	美国	0.07
12	195	Swiss Fedi Inst Univ（瑞士佛迪大学）	瑞士	0.04
13	190	Tsinghua Univ（清华大学）	中国	0.03
14	182	Ecole Polytech Fed Lausanne（洛桑 Ecole 多技术联合会）	瑞士	0.06
15	180	Univ Penn（宾夕法尼亚大学）	美国	0.03
16	172	Zhejiang Univ（浙江大学）	中国	0.03
17	153	Chinese Univ Hong Kong（中国香港大学）	中国	0.04
18	152	Korea Adv Inst Sci & Technol（韩国科学技术高级研究所）	韩国	0.02
19	150	Seoul Natl Univ（首尔大学）	韩国	0.03
20	149	Univ Michigan（密歇根大学）	美国	0.02

由表 4.1 可知，前 20 个研究机构发表的文献数量占到机器人领域发表文献总量的 18.24%。从研究机构的国家分布看，中国占 6 席，发文数量占到该领域文献总量的 6.83%；其次是美国，发文量占到该领域文献总量的 3.58%，这两个国家在该研究领域占据主导地位，具有比较大的领先优势。除德国、意大利和瑞士外，其余 4 席分别被日本、韩国占据，这 2 个亚洲国家发表的

文献数量占国际机器人领域文献总量的 3.66%，这表明亚洲国家在机器人领域也占有较为重要的科研地位。

从具体的研究机构来看，美国的麻省理工学院发表的相关文献数量最多，2010—2022 年总共发表 358 篇，占该领域文献总量的 1.72%。卡耐基梅隆大学紧随其后，发文数量 302 篇，占到 1.5%。第三名是中国的哈尔滨工业大学，发文数量为 294 篇，占到 1.41%。使用知识图谱对研究机构的发文进行评价，能够可视化地反映出各科研机构的产出情况，掌握相关研究机构与国家的科研实力。

4.1.3 作者分析

通过追踪在机器人研究领域有重要学术影响力的作者，可以迅速定位到他们发表的重要文献，这些文献可能是某研究领域内的"关键点"和"分水岭"，其研究范式、方法和结论可能影响着后续的研究方向。图 4.2 显示了国际机器人研究领域的作者合作图谱。图中每一个节点代表一个发文作者，圆形节点及节点文字的大小均代表了该作者发文的数量的多少；节点之间的连线表示作者之间存在合作关系，连线越粗，合作次数越多、强度越高；图中节点和连线的颜色代表发表年代，从渐变的颜色依次代表 2010 到 2022 年，圆圈的厚度色环越厚，表示在对应的年份发文越多。本图节点阈值为 50（发文量小于 50 的作者将不会在本图中显示姓名）。如图 4.2 所示，排名前 5 位的作者分别是 LIU Y、WANG Y、LI Y、WANG Z、KIM J。

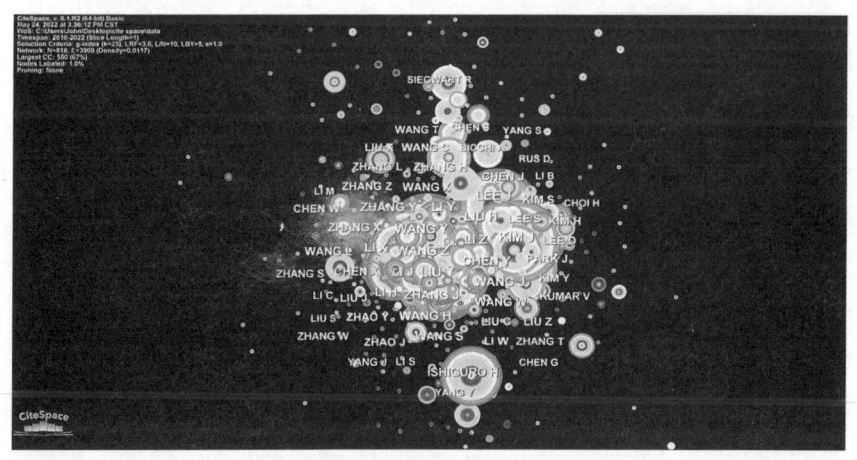

图 4.2　作者合作图谱

利用 CiteSpace 输出频次较高的节点信息，如表 4.2 所示。

表 4.2　作者发文 Top 10 统计表

排名	作者	发文量	中心性
1	LIU Y	207	0.04
2	WANG Y	183	0.04
3	LI Y	171	0.05
4	WANG Z	154	0.02
5	KIM J	149	0.02
6	ZHANG J	146	0.02
7	CHEN Y	143	0.02
8	LIU H	138	0.03
9	ZHANG Y	134	0.02
10	LEE J	130	0.04

4.1.4　文献的分析

利用 CiteSpace 绘制出国际 2010—2022 年机器人领域文献共被引知识图谱。如图 4.3 所示。

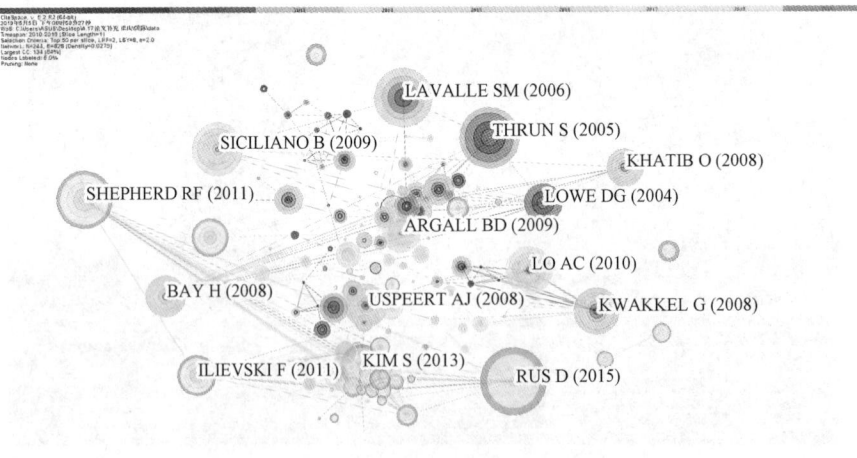

图 4.3　2010—2022 文献共被引知识图谱

第 4 章 重庆市高层次人才引进岗位分析

图 4.3 是由大小不等的多个节点形成的网络图形，每个节点代表一篇文献，节点大小与该节点的被引频次成正比。节点外形成的多颜色年轮代表每一年的被引用状况，年轮的颜色代表被引时间，年轮的厚度表征被引年度的被引频次。进行相关领域研究的最基础工作就是确定代表关键知识起源的重要文献，这对于开展进一步的研究意义重大。

文献的引用频次的大小直接关系到文献的重要性，2010—2022 年国际机器人领域引用频次较高的 3 篇文献分析结果，如表 4.3 所示。

表 4.3 2010—2019 引用频次前 3 文献统计表

频次	作者	发表年限	来源
289	RUSD	2015	NATURE
265	THRUNS	2005	PROBABILISTIC ROBOTI
264	SHEPHERD R F	2011	P NATL ACAD SCI USA

以上三篇文献是引用频次相对较高的文献，这些文献在国际机器人研究领域的知识演进中起到了关键的作用，是该领域的关键文献。CiteSpace 软件提供了对文献全文的链接，利用该功能可以获取关键文献的摘要甚至全文，通过分析可以了解文献的研究内容。

第一篇文献是 2015 年 RUSD 发表的"Design，Fabrication and Control of Soft Robots"，共被引频次为 289 次，在机器人领域的研究中属于引用频次较高的文献。这篇综述讨论了软机器人新兴领域的最新发展。

第三篇文献是 2011 年 SHEPHERD R F 在 P NATL ACAD SCI USA 上发表的"Multi Gait Soft Robot"，共被引频次达到了 264 次，属于机器人领域的重要的知识基础。这篇文章描述了一种独特的机械人分类：一种软机械人。

这几篇文章一经发表就受到了广泛的关注，引用频次比较高，以上分析可以看出，这些文献都是关于机器人在设计、制造、控制和应用等方面的研究，这些理论在 2010—2022 年的理论发展与创新当中起到了非常重要的基础作用。

4.1.5 关键词的分析

利用 CiteSpace 绘制出国际 2010—2022 年机器人领域关键词共现知识图谱（如图 4.4）。

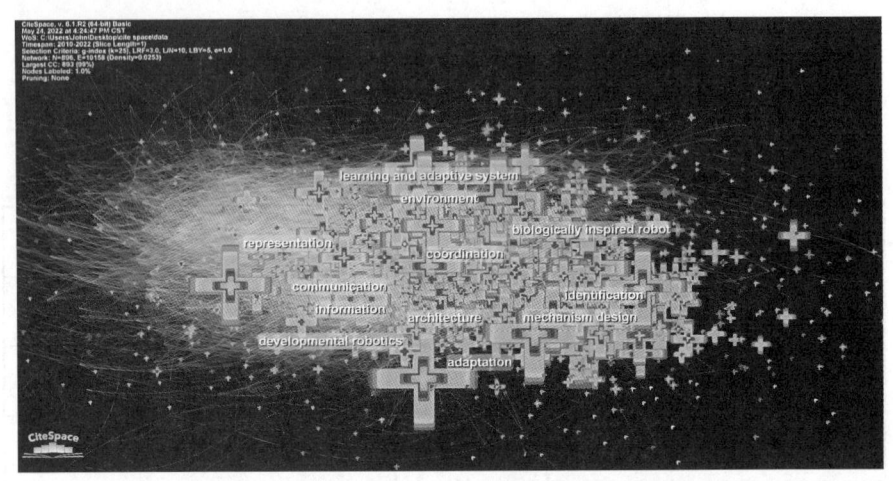

图 4.4　2010—2022 关键词共现知识图谱

关键词的频次是用来揭示研究热点的重要依据，其高低与该节点通过的信息流多少有关，越高越能反映出研究热点。图 4.4 是由大小不等的节点组成的网络图形，节点的大小与节点所代表的关键词出现频次成正比。根据图中节点的频次大小寻找关键的节点，可以揭示出研究热点。利用 CiteSpace 输出频次较高的节点信息，如表 4.4 所示。

表 4.4　2010—2022 关键词信息统计表 Top 20

排名	频次	关键词
1	2296	Design（设计）
2	1781	Robot（机器人）
3	1617	System（系统）
4	1186	Mobile Robot（移动机器人）
5	1042	Model（模型）
6	792	Human-robot Interaction（人机交互）

续表

排名	频次	关键词
7	733	Manipulator（机械手）
8	665	Motion（运动）
9	662	Algorithm（算法）
10	601	Locomotion（移动）
11	569	Humanoid Robot（人型机器人）
12	568	Optimization（优化）
13	523	Navigation（导航）
14	471	Dynamics（力学）
15	469	Tracking（跟踪）
16	466	Walking（步态）
17	401	multi-robot System（多机器人系统）
18	381	Path Planning（路径规划）
19	378	Motion Control（运动控制）
20	367	Motion Planning（运动计划）

从表4.4统计的关键词信息可以得出，关键词共现图谱中关于"机器人"的关键词出现的最多，有 Robot（机器人）、Mobile Robots（移动机器人）、Manipulators（机器人）、Humanoid Robot（人型机器人）、Multi-robot System（多机器人系统）、Mobile Robot（移动机器人）；其余的关键词可以分类为以下几个方面：①机器人在工业（制造业、汽车工业）方面的应用，如 Systems（系统）、Design（设计）、System（系统）、Navigation（导航）；②机器人运动协调控制方面理论的探索，如 Tracking（跟踪）、Walking（步态）、Localization（定位）、Dynamics（力学）、Algorithm（演算）。2010—2022 年机器人领域文献关键词分析可以得出，这一阶段的研究热点主要集中在机器人在制造业方面的应用、机器人在运动协调控制方面的理论探索、机器人人工智能方面的应用。

4.2 重庆市机器人产业知识图谱的绘制与分析

4.2.1 重庆市机器人相关文献数据的处理

重庆市机器人数据来源于 Web of Science 数据库和知网数据库。CiteSpace

之前只能处理英文数据，如果仅用英文数据来处理重庆市机器人产业的研究现状，就会存在研究内容单一不充分的情况，但是现在 CiteSpace 已经可以处理知网中的中文数据，这样就使得对于重庆市的机器人产业的研究较为科学充分。在 Web of Science 数据库中以"TS=robot AND（CI=Chongqing）"为检索式，文献类型选择"article"，时间范围为"2010—2022 年"，进行检索，就可以得到重庆市机器人研究领域的英文期刊文献题录数据，共检索到 394 篇文献。数据检索截止时间是 2022 年 5 月 24 日。

在知网数据库中以"机器人"为主题，第一单位选择"重庆"，期刊来源选择"SCI、EI、CSSCI、CSCD 和北大核心期刊"，时间范围为"2010—2022"年，进行检索，就可以得到重庆市机器人研究领域的中文核心期刊文献题录数据 524 条，将这些数据进行保存，通过转化成 CiteSpace 可以识别处理的格式，以上这些数据就是我们研究重庆市机器人研究的进展情况的基础数据。

4.2.2　Web of Science 英文题录数据的处理

运用 CiteSpace 软件对收集到的重庆市英文数据进行处理，选择时间分区为 2010—2022 年，时间切片为 1，节点类型分别选择研究机构、被引文献及关键词，设置完毕点击运行可以得到相应的知识图谱。

1. 研究机构分布

利用 CiteSpace 绘制出重庆市机器人领域研究机构的图谱。如图 4.5 所示。

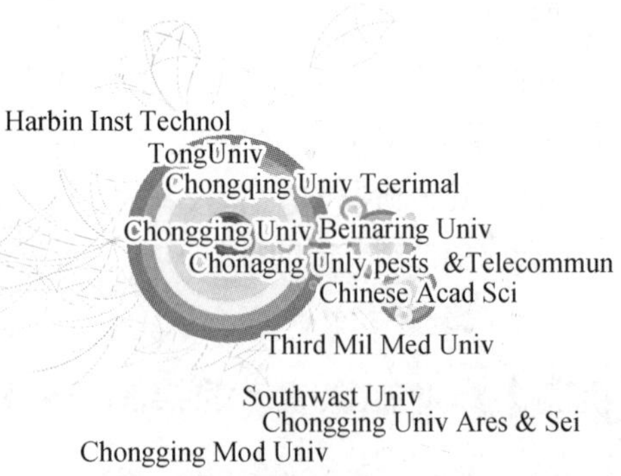

图 4.5　Web of Science 研究机构关系图谱

对于数据进行加工处理可以得出，重庆市主要的研究机构文献数量如表 4.5。

第 4 章
重庆市高层次人才引进岗位分析

表 4.5 重庆市机器人研究领域研究机构统计表

排名	机构	频次
1	Chongqing Univ（重庆大学）	197
2	Chongqing Univ Posts & Telecommun（重庆邮电大学）	45
3	Chinese Acad Sci（中国科学院）	35
4	Southwest Univ（西南大学）	21
5	Chongqing Univ Technol（重庆理工大学）	17
6	Third Mil Med Univ（第三军医大学）	13
7	Chongqing Med Univ（重庆医科大学）	9

从表 4.5 的统计数据可以看出，重庆大学的发文数量最多，达到了 197 篇，占重庆市机器人研究机构发文数量的 50%。重庆市其他机器人研究机构发文数量相差不大。总体上这 7 家院校、研究机构构成了重庆市机器人研究的主体结构。

2. 作者分析

利用 CiteSpace 绘制出重庆市机器人领域发文作者的图谱（如图 4.6）。该图显示了重庆机器人研究领域的作者合作图谱。图中每一个节点代表一个发文作者，圆形节点及节点文字的大小均代表了该作者发文的数量的多少；节点之间的连线表示作者之间存在合作关系，连线越粗，合作次数越多、强度越高；图中节点和连线的颜色代表发表年代，渐变的颜色依次代表 2010 到 2022 年，圆圈的厚度色环越厚，表示在对应的年份发文越多。本图节点阈值为 10（发文量小于 10 的作者将不会在本图中显示姓名）。

图 4.6 作者合作图谱

利用 CiteSpace Ⅱ 输出频次较高的节点信息，如表 4.6。

表 4.6　作者发文 Top 10 统计表

排名	作者	发文量	中心性
1	ZHANG Y	24	0.10
2	LI Y	21	0.26
3	CHEN X	21	0.13
4	SONG Y	20	0.10
5	WANG H	20	0.09

3. 文献的分析

（1）利用 CiteSpace 绘制出重庆市 2010—2022 年机器人领域文献共被引知识图谱。如图 4.7 所示。

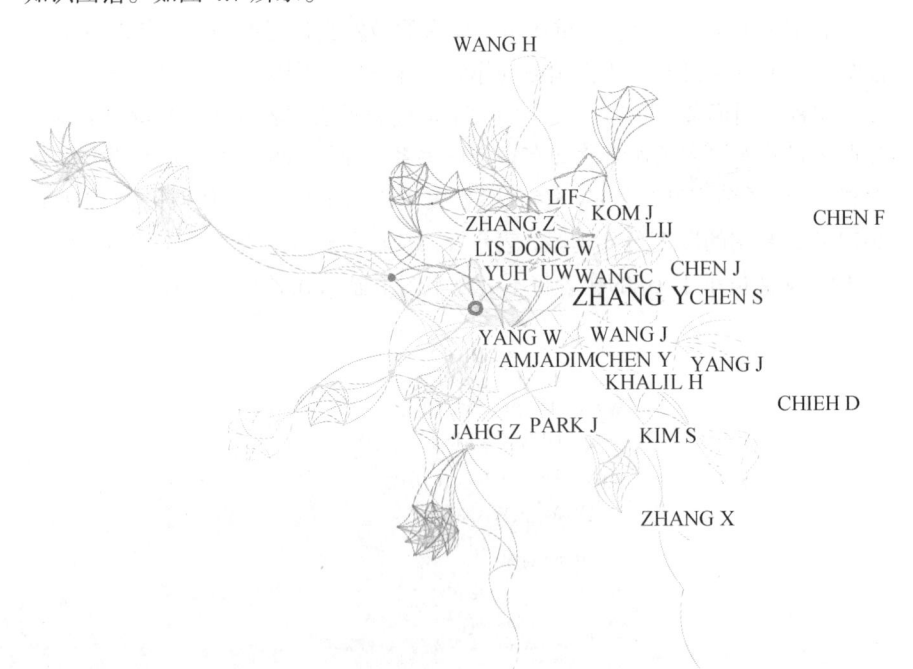

图 4.7　2010—2022 文献共被引知识图谱

该图是由大小不等的多个节点形成的网络图形,每个节点代表一篇文献,节点大小与该节点的被引频次成正比。节点外形成的多颜色年轮代表每一年的被引用状况,年轮的颜色代表被引时间,年轮的厚度表征被引年度的被引频次。进行相关领域研究的最基础工作就是确定代表关键知识起源的重要文献,这对于开展进一步研究意义重大。

文献的引用频次的大小直接关系到文献的重要性,2010—2022 年重庆市机器人领域引用频次较高的 3 篇文献分析结果。如表 4.7 所示。

表 4.7 2010—2022 引用频次前 3 文献统计表

频次	作者	发表年限	来源
12	ZHANG Y	2016	IEEE T IND ELECTRON
6	KIM S	2015	AUTOMATICA
5	LI F	2019	IET CONTROL THEORY A

以上三篇文献是引用频次相对较高的文献,这些文献在国际机器人研究领域的知识演进中起到了关键的作用,是该领域的关键文献。CiteSpace 软件提供了对文献全文的链接,利用该功能可以获取关键文献的摘要甚至全文,通过分析可以了解文献的研究内容。

这三篇文章一经发表就受到了广泛的关注,引用频次比较高,以上分析可以看出,这些文献都是关于机器人在冗余度解决方案、医学应用等方面的研究,这些理论在 2010—2022 年的理论发展与创新当中起到了非常重要的基础作用。

4. 关键词的分析

(1) 利用 CiteSpace Ⅱ 绘制出重庆市 2010—2022 年机器人领域关键词共现知识图谱。如图 4.8 所示。

关键词的频次是用来揭示研究热点的重要依据,其高低与该节点通过的信息流多少有关,越高越能明显的反映出研究热点。图 4.8 是由大小不等的节点组成的网络图形,节点的大小与节点所代表的关键词出现频次成正比。根据图中节点的频次大小寻找关键的节点,可以揭示出研究热点。利用 CiteSpace 输出频次较高的节点信息,如表 4.8。

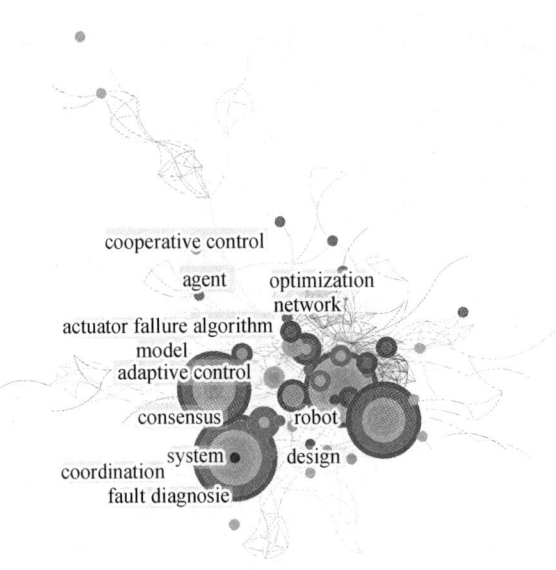

图 4.8　2010—2022 关键词共现知识图谱

表 4.8　2010—2022 关键词信息统计表 Top 10

排名	频次	关键词
1	46	Design（设计）
2	33	Mobile Robot（移动机器人）
3	33	Robot（机器人）
4	31	System（系统）
5	19	Optimization（优化）
6	18	Algorithm（算法）
7	17	Adaptive Control（自适应控制）
8	16	Model（模型）
9	14	Tracking Control（追踪控制）
10	14	Network（网络）

第 4 章
重庆市高层次人才引进岗位分析

从表 4.8 统计的关键词信息可以得出，关键词共现图谱中关于"机器人"的关键词出现的最多，有 Design（设计）、Robotics（机器人）、Robot（机器人）、Mobile Robots（移动机器人）、System（系统）、Network（网络）、Adaptive Control（自适应控制）等等，其余的关键词可以分类为以下几个方面：①机器人在工业（制造业、汽车工业）方面的应用，如 Systems（系统）、Design（设计）、System（系统）、Navigation（导航）；②机器人运动协调控制方面理论的探索，如 Tracking（跟踪）、Stability（稳定性）、Localization（定位）、Dynamics（力学）、Algorithm（演算）。2010—2022 年机器人领域文献关键词分析可以得出，这一阶段的研究热点主要集中在机器人在制造业方面的应用、机器人在运动协调控制方面的理论探索、机器人人工智能方面的应用。

4.2.3 知网中文题录数据的处理

1. 关键词及聚类图谱

首先将知网中文题录数据进行转换，转换成为 CiteSpace 可以处理的数据格式，运用 CiteSpace Ⅱ 软件对收集到的重庆市中文数据进行处理，选择时间分区为 2010—2022 年，时间切片为 1，节点类型分别选择关键词，设置完毕点击运行可以得到关键词共现知识图谱（如图 4.9）。

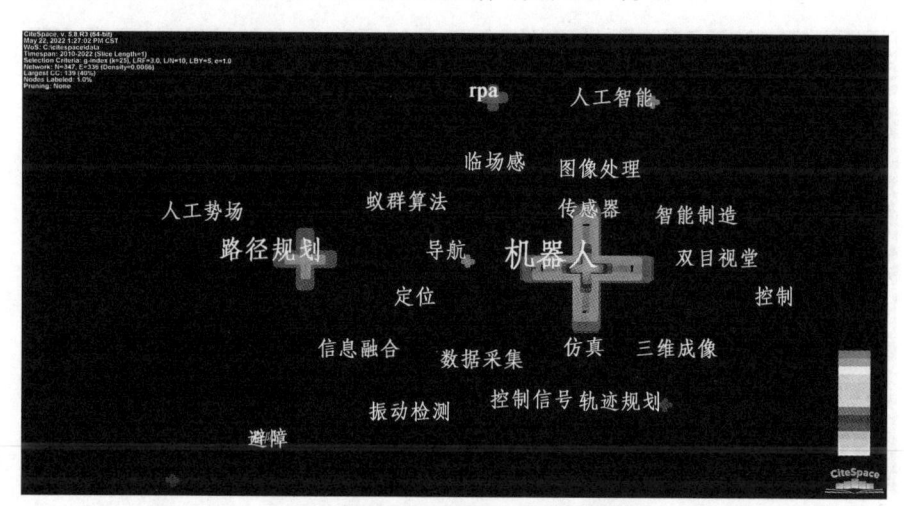

图 4.9　知网关键词共现知识图谱

对知网数据形成的关键词共现知识图谱进行分析处理，得出关键词共现频次统计表，如表 4.9 所示。

表 4.9　知网关键词信息统计表

频次	关键词
62	机器人
33	路径规划
14	rpa
10	仿真
8	轨迹规划
6	蚁群算法
6	人工智能

从以上代表性的几个关键词中可以发现重庆市对于机器人的研究基本上集中于机器人设计与误差分析、医学应用等方面。但关键词共现频次较少，说明研究成果仍然不够丰富，重庆市需要在机器人产业继续加大研发支持力度。研究关键词形成的聚类可以得到聚类图谱。如图 4.10 所示。

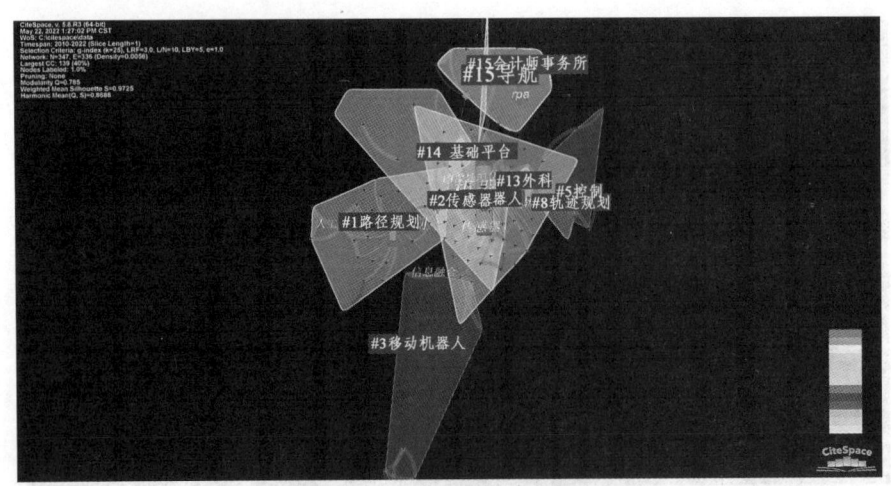

图 4.10　知网关键词聚类图谱

第 4 章
重庆市高层次人才引进岗位分析

对其进行整理可以得到聚类信息统计表 4.10。选取聚类最大的前四个聚类信息进行统计，可以得出，0 号聚类最大，该聚类是研究机器人在图像处理、信息融合等方面的应用。是研究机器人在自主导航、搜救系统等方面的应用。2 号聚类和 3 号聚类分别是研究机器人在数据采集、地图创建以及多传感器等技术中的应用。结合聚类频次统计表和聚类信息表可以得出，重庆市在知网中发表的机器人相关领域文献大多是集中在医学及工业当中。

表 4.10 知网关键词聚类统计表

聚类号	大小	聚类标记
0	62	传感器、外科手术、三维成像、信息融合、图像处理、自定位、二自由度、蚁群算法
1	33	遗传算法、人工市场、启发函数、动态环境、自主导航、搜救系统、二维码
2	20	导航、数据采集、双目视觉、智能制造、振动检测、三维成像、控制信号、地图创建
3	24	学习、Icp、Slam、双重阈值、实垂交、避障、神经网络、多传感器

2. 作者分析

利用 CiteSpace 绘制出重庆市机器人领域发文作者的图谱（如图 4.11）。该图显示了重庆市机器人研究领域的作者合作图谱。图中每一个节点代表一个

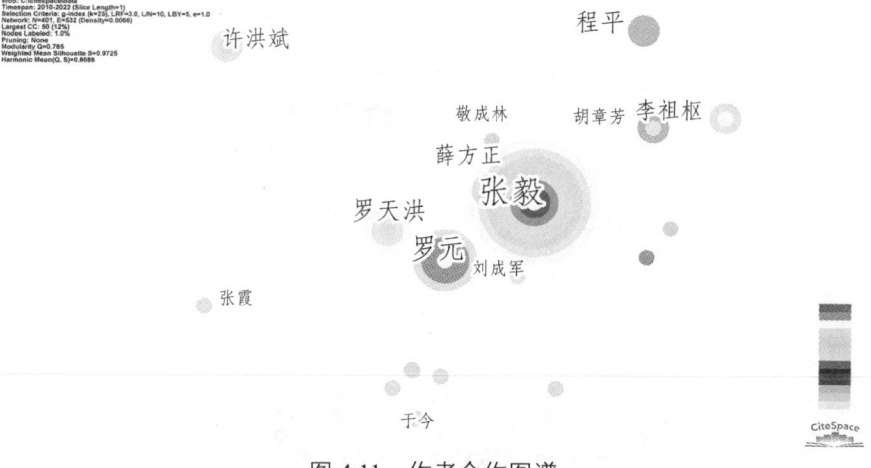

图 4.11 作者合作图谱

发文作者，圆形节点及节点文字的大小均代表了该作者发文的数量的多少；节点之间的连线表示作者之间存在合作关系，连线越粗，合作次数越多、强度越高；图中节点和连线的颜色代表发表年代，渐变的颜色依次代表 2010 到 2022 年，圆圈的厚度色环越厚，表示在对应的年份发文越多。本图节点阈值为 5（发文量小于 5 的作者将不会在本图中显示姓名）。

利用 CiteSpace 输出频次较高的节点信息，如表 4.11 所示。

表 4.11　作者发文 Top 4 统计表

排名	作者	发文量	所属机构	研究方向
1	张毅	44	重庆邮电大学	自动化技术；电信技术；计算机软件及计算机应用
2	罗元	26	重庆邮电大学	计算机软件及计算机应用；自动化技术；电信技术
3	程平	17	重庆理工大学	会计；企业经济；计算机软件及计算机应用
4	罗天洪	17	重庆大学	自动化技术；计算机软件及计算机应用；电力工业

3. 研究机构分布

利用 CiteSpace Ⅱ 绘制出重庆市机器人领域研究机构的图谱。如图 4.12 所示。

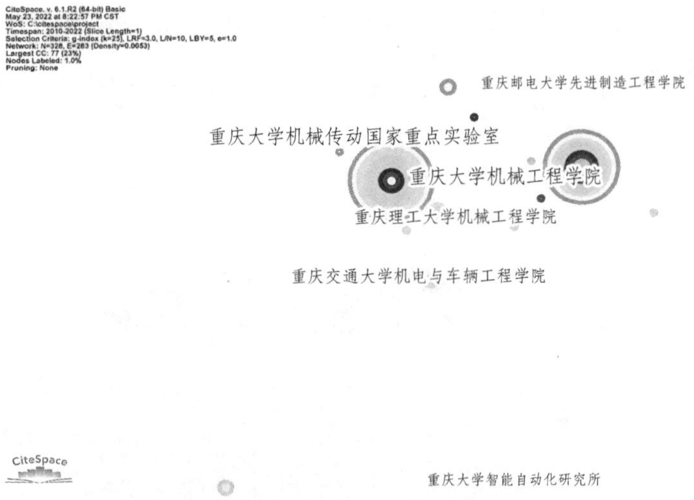

图 4.12　CNKI 研究机构关系图谱

第 4 章
重庆市高层次人才引进岗位分析

对于数据进行加工处理可以得出，重庆市主要的研究机构及研究成果。如表 4.12 所示。

表 4.12 重庆市主要的研究机构及发文量

排名	机构	发文量	占比
1	重庆大学机械工程学院	46	9.2%
2	重庆大学机械传动国家实验室	45	9.0%
3	重庆理工大学机械工程学院	29	5.8%
4	重庆交通大学机电与车辆工程学院	21	4.2%
5	重庆大学自动化学院	18	3.6%
6	重庆理工大学会计学院	17	3.4%
7	重庆大学智能自动化研究所	13	2.6%
8	重庆理工大学云会计大数据智能研究所	13	2.6%
9	重庆邮电大学先进制造工程学院	12	2.4%
10	重庆电子工程职业学院	8	1.6%

从表 4.12 的统计数据可以看出，重庆大学机械工程学院，达到了 46 篇，占重庆市机器人研究机构发文数量的 9.2%。重庆大学机械传动国家实验室紧随其后，占到 9.0%。整体来看，重庆大学在重庆市机器人研究领域拥有绝对的优势和重要性。总体上这 10 家院校、研究机构构成了重庆市机器人研究的主体结构。如图 4.13 所示。

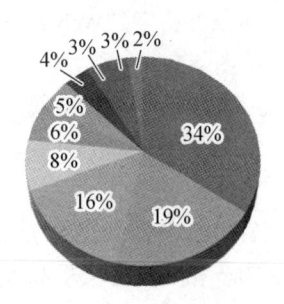

图 4.13 研究机构发文数量占比图

4.3 国际人工智能知识图谱的绘制与分析

4.3.1 国际人工智能数据处理

国际人工智能研究分析，首先以"Web of Science"数据库进行关键词检索。选择核心合集，相关检索条件（关键词和检索逻辑）。如表4.13所示。

表4.13 国际人工智能检索条件列表

序号	字段	关键词	逻辑关系
1	标题	Artificial Intelligence	/
2	标题	AI	OR
3	标题	AI System	OR
4	语种	Chinese	NOT
5	年限	2000—2022	AND
6	类型	Article	AND

检索日期2022年5月22日，检索后剔除报纸、评论、成果、会议记录等无效资料，最终得到文献共计8408篇。使用"全纪录格式"导出为CiteSpace可识别的数据格式进行分析。

4.3.2 年发文量变化统计

发文量是运用文献计量方法分析文献研究领域的重要指标，可以反映该研究领域的受关注程度和发展趋势。通过上述条件检索"Web of Science"数据库，得到国际人工智能年发文量曲线图（图4.14）。

查询数据库结合图可知，2000年以前只有非核心期刊的数篇文献，属于研究萌芽期，此阶段仅限于人工智能相关概念探讨，研究并不深入。2000年至2015年，属于发展起步阶段，此阶段人工智能研究得到关注，发文量开始逐年增加（2004/2007/2015除外），年平均增长率10.6%。2016年至2022年，属于高速发展阶段，此阶段平均增长率71.95%，相关发文数量高速增长，现实条件下移动互联、芯片技术等高新技术的发展为人工智能打下坚实的基础并且同步提升。

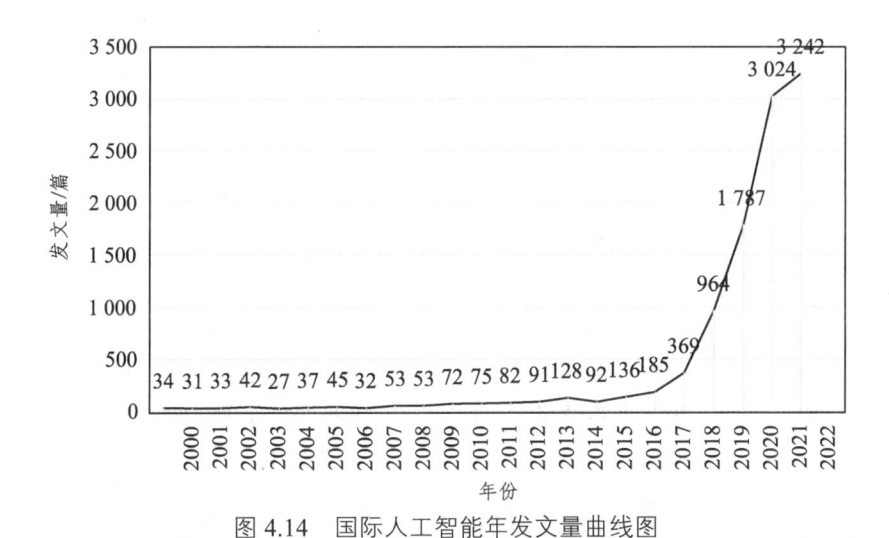

第 4 章
重庆市高层次人才引进岗位分析

图 4.14　国际人工智能年发文量曲线图

4.3.3 核心研究力量分析

探求人工智能研究领域的现状，需要进行核心研究力量的分析。核心研究力量主要由核心研究作者，核心研究团队，核心研究机构和国家（地区）发文贡献构成。这些核心研究力量相互作用共同推动了人工智能研究领域的不断发展和相关技术的更新迭代。

1. 核心研究作者分析

探究作者发文情况和被引情况，可以充分了解相关作者在人工智能领域的研究深度和贡献情况，从而更加合理的把握当前研究现状和前沿。确定核心研究作者之前首先要确定高产作者。使用文献计量学中常用的普赖斯定律进行高产作者的确定，即通过公式 $M_p=0.749*\sqrt{N_{p\max}}$ 计算。其中 M_p 是高产作者的最低发文量，$N_{p\max}$ 是发文最多作者的论文数。由文献数据可知 $N_{p\max}=40$，带入可得 $M_p=4.737$ 取整后得 5，即国际人工智能领域高产作者发文量要求≥5。经统计高产作者人数为 200 人，发文总人数为 940 人，高产作者占比 21.27%，未到总人数的一半。由此可知，国际人工智能研究领域尚未形成高产作者群，相关研究由部分表现突出的作者引领，需要使用综合指数法继续确定核心作者。综合指数法的核心主要是指将评价对象的核心影响因素进行指标划分确定，然后赋予权重，确定基本阈值，接着按指数公式计算得分，最后汇总排序。通过文献分析和专家调查法，确定相关指标由文献中介中心性（Z）、高产作者发文总量（A）、领域内作者论文被引次数（B）、第一作者发文数（C）构成，其权重依次为：10%、25%、30%和35%。定义综合指数为 Y，其计算公式为：

$$Y_i=(Z_i/Z_{阈}\times 10\%+A_i/A_{均}\times 25\%+B_i/B_{均}\times 30\%+C_i/C_{均}\times 35\%)\times 100$$

（其中 i=1，2，3，……200，）

通过统计计算，以上四个指标的阈值为：$Z_{阈}$=0.1、$A_{均}$=12.612、$B_{均}$=30.215、$C_{均}$=1.809。将上述均值代入公式，可得综合指数 Y 的阈值为100，即大于100的为核心作者。相关计算结果详见国际人工智能核心作者（TOP16）综合指数统计表（表4.14）。

表4.14 国际人工智能核心作者（TOP16）综合指数统计表

作者	Z	Z（10%） A	A（25%） B	C	B（30%） Z指数	A指数	C（35%） B指数	C指数	综合指数Yi	排名
ZHANG Y	0	40	85	17	0.0	3.17	2.81	9.40	492.68	1
LIU Y	0.03	38	78	9	0.3	3.01	2.58	4.98	329.95	2
ZHANG J	0	37	68	8	0.0	2.93	2.25	4.42	295.68	3
LI Y	0.01	34	79	5	0.1	2.70	2.61	2.76	243.60	4
WANG Y	0	29	107	4	0.0	2.30	3.54	2.21	241.14	5
LI J	0.01	33	69	4	0.1	2.62	2.28	2.21	212.33	6
WANG J	0.01	30	71	4	0.1	2.38	2.35	2.21	208.37	7
WANG X	0	25	62	5	0.0	1.98	2.05	2.76	207.88	8
WANG H	0.01	24	50	4	0.1	1.90	1.65	2.21	175.63	9
LEE S	0.01	18	50	4	0.1	1.43	1.65	2.21	163.74	10
CHEN Y	0.01	20	64	3	0.1	1.59	2.12	1.66	162.25	11
ZHANG X	0	14	51	4	0.0	1.11	1.69	2.21	155.80	12
LIU X	0.01	12	50	4	0.1	0.95	1.65	2.21	151.84	13
阈值	0.1	12.612	30.215	1.809	1.0	1.00	1.00	1.00	100.00	阈值
HUANG Y	0.03	10	24	3	0.3	0.80	0.79	1.50	99.33	14
CHEN Z	0.01	10	26	3	0.1	0.80	0.86	1.50	99.31	15
ELKATATNY S	0.02	10	23	3	0.2	0.80	0.76	1.50	97.34	16

第4章 重庆市高层次人才引进岗位分析

由表可知，国际人工智能研究领域的领军人物是 ZHANG Y，LIU Y，ZHANG J，LI Y，WANG Y，LI J，WANG J 和 WANG X 共计八位学者，其综合指数排名均超过了 200 分。除了综合指数靠前以外，他们的其他各项指标均为前列，对于他们的研究成果需要重点关注，尤其是最近发表的研究内容及方向，往往代表了国际人工智能研究领域的前沿。WANG H，LEE S，CHEN Y，ZHANG X 和 LIU X 共计五位学者，他们同样也做出了突出贡献，属于核心作者序列；但第一作者发文量不高，成果主要集中在团队的成果之中。HUANG Y，CHEN Z 和 ELKATATNY S 的综合指数非常接近阈值，表明他们科研实力非常接近核心研究作者。而且 HUANG Y 的中介中心性指数相对较高，表明其研究内容的重要性受到领域内的广泛借鉴，对于该方向的研究需要格外关注。此外，如果该作者在第一作者发文上努力将很快跻身核心作者序列。

2. 核心研究团队分析

核心研究团队的构成由核心作者组成，其团队构成情况需要借助 CiteSpace 知识图谱工具进行可视化分析。同样使用上述检索条件得到的数据源，在控制面板中选择"Author"合作网络分析，得到国际人工智能研究领域核心研究团队分布图（图 4.15）。

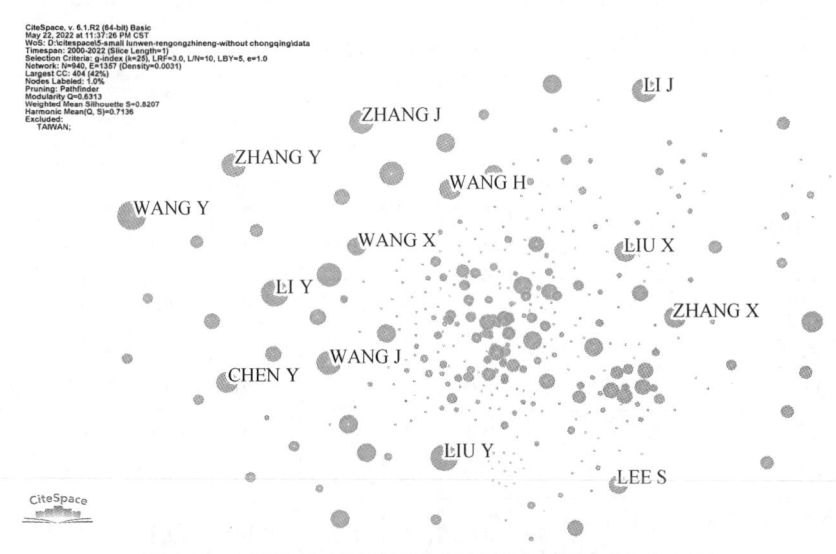

图 4.15 国际人工智能研究领域核心研究团队分布图

由图 4.15 与表 4.14 结合可知，国际人工智能研究领域的核心研究团队还未形成。作者中心性最高的仅为 0.03，远未达到 0.1 的阈值要求。知识图谱的可视化分析结果与前述核心作者综合指数统计表的结果一致，前 13 位核心作者均在可视化图谱（图 4.15）中体现。综合分析表明，在国际人工智能研究领域需要加强团队的合作研究，共同推动人工智能的发展。

3. 核心研究机构分析

研究机构对于国际人工智能的贡献也是十分重要的，需要对其进行分析。首先，仍然选择普赖斯定律进行高产机构的确定，即通过公式 $M_p = 0.749 * \sqrt{N_{pmax}}$ 计算。N_{pmax}=199，带入可得 M_p=10.56 取整后得 11。由此可知国际人工智能研究领域高产机构要求≥11。其次，再通过综合系数法确定核心研究机构。定义被引频次（D）、中介中心性（E）、发文量（F）为核心研究机构的三个指标；且其权重依次为：40%、20%、40%。定义综合指数为 Y，其计算公式为：

$$Y_i = (D_i/D_{均} \times 40\% + E_i/E_{阈} \times 20\% + F_i/F_{均} \times 40\%) \times 100$$

（其中 i=1，2，3，…，572）

通过计算可知，相关阈值和平均值为：$D_{均}$=39.44、$E_{阈}$=0.1、$F_{均}$=42.68。由此绘制国际人工智能核心机构（TOP20）综合指数统计表（表 4.15）。

表 4.15 国际人工智能核心机构（TOP20）综合指数统计表

机构名称	D	E	F	D 指数	E 指数	F 指数	Y 综合	排名
Harvard Univ 哈佛大学	45	0.01	199	1.14	0.10	4.66	234.15	1
Harvard Med Sch 哈佛医学院	97	0.01	104	2.46	0.10	2.44	197.85	2
Islamic Azad Univ 伊朗伊斯兰阿扎德大学	89	0.06	92	2.26	0.60	2.16	188.49	3
Stanford Univ 斯坦福大学	82	0	88	2.08	0.00	2.06	165.65	4
Mayo Clin 梅奥医学中心	82	0.02	83	2.08	0.20	1.94	164.96	5
Chinese Acad Sci 中国科学院	63	0.02	90	1.60	0.20	2.11	152.25	6
DC Dublin 都柏林大学	65	0.07	66	1.65	0.70	1.55	141.78	7
Sun Yat Sen Univ 中山大学	65	0.03	69	1.65	0.30	1.62	136.60	8
Shanghai Jiao Tong Univ 上海交通大学	59	0.02	70	1.50	0.20	1.64	129.45	9

续表

机构名称	D	E	F	D指数	E指数	F指数	Y综合	排名
Massachusetts Gen Hosp 麻省总医院	50	0.01	73	1.27	0.10	1.71	121.13	10
Huazhong Univ Sci &Technol 华中科技大学	60	0.02	60	1.52	0.20	1.41	121.09	11
MIT 麻省理工学院	54	0.05	54	1.37	0.50	1.27	115.38	12
Zhejiang Univ 浙江大学	55	0.01	58	1.39	0.10	1.36	112.14	13
Tsinghua Univ 清华大学	48	0.03	52	1.22	0.30	1.22	103.42	14
Johns Hopkins Univ 约翰斯·霍普金斯大学	41	0.05	53	1.04	0.50	1.24	101.26	15
Ton Duc Thang Univ 越南孙德盛大学	47	0.02	48	1.19	0.20	1.12	96.66	16
King Fahd Univ Petr & Minerals 法赫德国王石油与矿物大学	46	0	51	1.17	0.00	1.19	94.45	17
Mc Gill Univ 加拿大麦吉尔大学	41	0.02	43	1.04	0.20	1.01	85.89	18
Univ Oxford 牛津大学	71	0.02	11	1.80	0.20	0.26	86.32	19
Univ Toronto 多伦多大学	62	0.05	12	1.57	0.50	0.28	84.13	20

在国际人工智能研究领域，前20位机构中，中国机构占比30%，美国机构占比35%，其他机构占比35%。由此可知，美国机构排名第一，占比量也较大，超过三分之一；而中国机构上榜量占比量位居第二，虽然排名未占据第一，但是总体靠前。中国上榜机构以"中国科学院"领先，然后是"中山大学""上海交通大学""华中科技大学""浙江大学"和"清华大学"。以上学校机构代表了我国在国际人工智能研究领域的机构水平属于前沿。综合来看也与中国目前的经济和技术增长实力相匹配，当然后续仍然需要加大投入。

4.3.4 研究热点分析

1. 文献分析

利用 CiteSpace 绘制出国际 2010—2022 年人工智能领域文献共被引知

识图谱（如图 4.16 所示）。知识图谱是由大小不等的多个节点形成的网络图形，每个节点代表一篇文献，节点大小与该节点的被引频次成正比。节点外形成的多颜色年轮代表每一年的被引用状况，年轮的颜色代表被引时间，年轮的厚度表征被引年度的被引频次。进行相关领域研究的最基础工作就是确定代表关键知识起源的重要文献，这对于开展进一步的研究意义重大。文献的引用频次的大小直接关系到文献的重要性，2010—2022 年国际人工智能研究领域引用频次较高的五篇文献列表。如表 4.16 所示。

表 4.16　2010—2022 引用频次前五文献统计表

频次	中心性	年份	文献
264	0.04	2017	Esteva A，2017，NATURE，542，115
178	0.02	2016	Gulshan V，2016，JAMA-JAM MED ASSOC，316，2402
162	0.01	2016	Goodfellow I，2016，ADAPT COMPUT MACH LE，0，1
161	0.03	2015	Lecun Y，2015，NATURE，521，436
143	0.01	2019	Topol EJ，2019，NAT MED，25，44

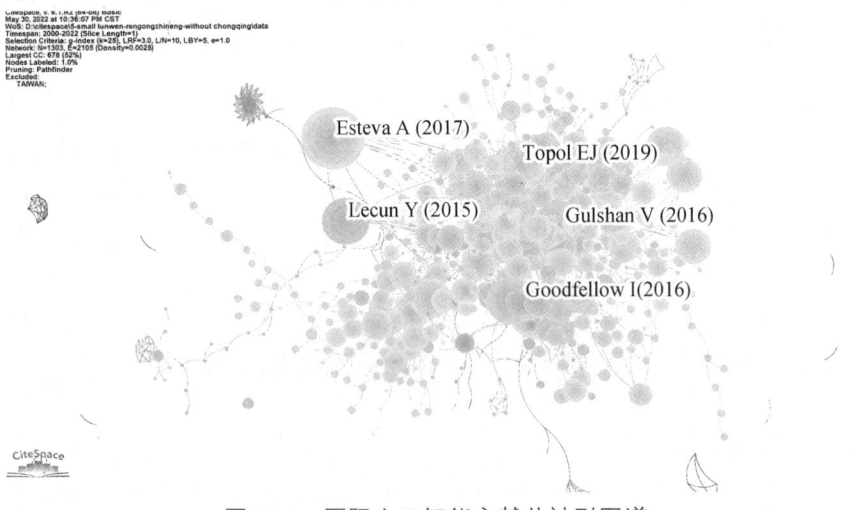

图 4.16　国际人工智能文献共被引图谱

以上五篇文献是引用频次相对较高的文献，这些文献在国际人工智能研究领域的知识演进中起到了关键的作用,是该领域的关键文献。CiteSpace 软件提供了文献链接,利用该功能可以获取关键文献的摘要甚至全文,通过分析可以了解文献的研究内容。首先上述五篇文献均是以人工智能为基础,以深度学习和医学应用为主。深度学习方面主要以算法开发和验证为导向;而在医学方面着眼于人体眼部疾病、癌症、皮肤等器官的救治和疾病解决方案的探索。这五篇文章一经发表就受到了广泛的关注,引用频次比较高。从以上分析可以看出,这些文献都是关于人工智能在算法开发、验证,医疗事业和应用等方面的研究。以上理论在 2010—2022 年的发展与创新当中起到了非常重要的作用。

2. 关键词词频和中心性分析

文献主题中的关键词,不仅仅是科研主旨的体现,还是文献核心思想的高度概括,具有十分重要的意义。运用 CiteSpace 工具对关键词进行共现分析,形成网络知识图谱,能够辅助我们理清研究领域的发展脉络和重要热点。图谱中每个节点代表了一个关键词,节点的大小表明该关键词在所有文献中出现的频次,频次越大则节点越大,越表明该关键词在整体文献研究领域中的研究关注度越高;节点连线的颜色即时间线颜色的变化,图谱的色带颜色越深表明该方向越靠近当前时间节点且受到持续关注。根据工具得到关键词词频、中心性列表。如表 4.17 所示。

表 4.17 关键词词频和中心性统计表(TOP20)

序号	关键词	频次	中心性	序号	关键词	频次	中心性
1	Artificial Intelligence(人工智能)	3473	0.18	11	Algorithm(算法)	279	0.04
2	Neural Network(神经网络)	1017	0.11	12	Optimization(最佳化)	243	0.07
3	Machine Learning(机器学习)	829	0.02	13	Design(设计)	239	0.07
4	Model(模式)	586	0.08	14	Big Data(大数据)	239	0.01
5	Deep Learning(深度学习)	541	0.01	15	Management(管理)	232	0.02

续表

序号	关键词	频次	中心性	序号	关键词	频次	中心性
6	System（系统）	506	0.11	16	Diagnosis（诊断）	232	0.03
7	Prediction（预测）	500	0.05	17	Network（网络）	212	0.04
8	Classification（分类）	412	0.12	18	Support Vector Machine（支持向量机）	172	0.05
9	Artificial Neural Network（人工神经网络）	372	0.07	19	Cancer（癌症）	170	0.03
10	Performance（语言表现）	292	0.04	20	Convolutional Neural Network（卷积神经网络）	167	0.02

通过 CiteSpace 工具分析出的关键词共现频次（TOP20）和中心性（中心性≥0.1 的节点为关键节点）。由表 4.17 和图 4.17 可知，实际 Q=0.5522 表示此次聚类计算结构显著；实际 S=0.7731 表示此次聚类计算稳定可信。由此，该领域的研究主要分为如下几个方面。一是以 Artificial Intelligence（人工智能）为代表的 "Machine Learning（机器学习）、Deep Learning（深度学习）" 机器人智能化研究；二是以 Algorithm（算法）为代表的计算方法研究，包含 "Neural Network（神经网络）、Model（模式）、Convolutional Neural Network（卷积神经网络）、Adaptive Neuro-fuzzy Inference System（适应模糊神经推理系统）、Edge Computing（边缘计算）、Genetic Algorithm（遗传算法）、Fuzzy Logic（模糊逻辑）" 等。三是以 Big Data（大数据）为主的相关管理、应用的开发，有 "Prediction（信息预测）、System（系统开发）、Management（管理）、Design（设计）、Optimization（问题优化）"。四是以 Medical Treatment（医疗治疗）为代表的医疗健康的应用研究，如在 "Cancer（癌症）、Heart Disease（心脏病）" 等疾病的广泛应用。最后是关于人工智能 Safety Index（安全风险）相关的审视，包含 "Validation（验证）、Impact（冲击）、Regression（思想或行为的退化）" 等反思和思辨。

图 4.17　关键词聚类图谱

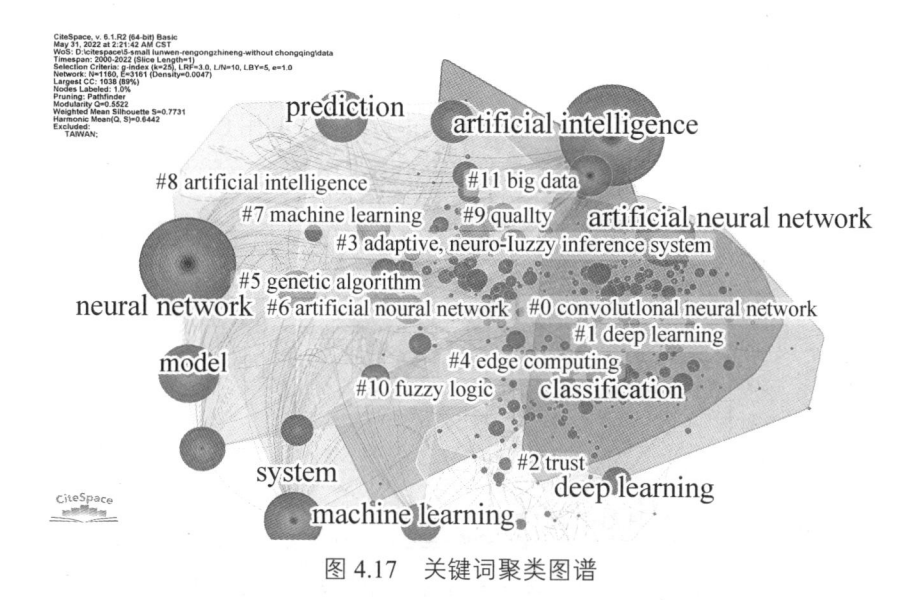

4.4　国内人工智能研究分析

4.4.1　数据处理

国内人工智能研究分析，首先以"CNKI"数据库为数据源，并选择核心期刊进行关键词检索。相关检索条件（关键词和检索逻辑）。如表 4.18 所示。

表 4.18　国内人工智能检索条件列表

序号	字段	关键词	逻辑关系
1	标题	人工智能	/
2	年限	2000—2022	AND
3	来源类别	SCI、EI、北大核心、CSSCI、CSCD	AND
4	类型	期刊	AND

检索日期为 2022 年 5 月 22 日，检索后剔除报纸、评论、成果、会议记录等无效数据，最终得到文献共计 5853 篇。使用"RefWorks"导出 CiteSpace 可识别的数据格式进行分析。

4.4.2 年发文量变化统计

如上所述，发文量总指标，需要对其进行分析。利用 CNKI 检索得到数据源，制作国内人工智能年发文量曲线图（图 4.18）。

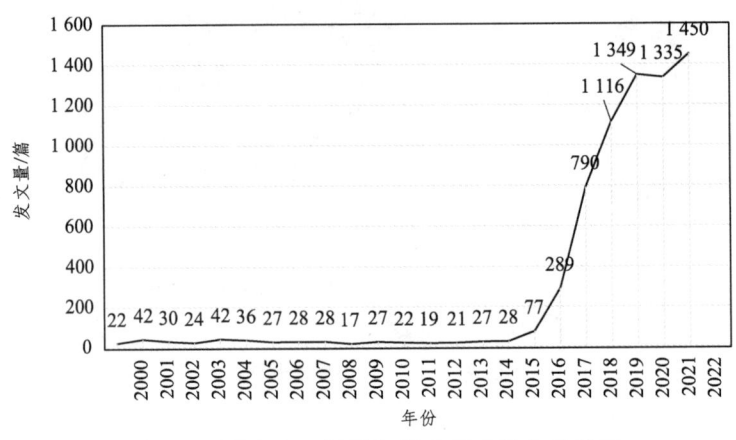

图 4.18 国内人工智能年发文量（篇）曲线图

查询数据库结合图可知，2000 年以前属于研究萌芽期，国内人工智能研究发文量少，此阶段仅限于人工智能相关的概念探讨研究并不深入。2000 年至 2015 年，属于发展起步阶段，此阶段人工智能研究得到关注，发文量开始逐年增加（其中部分年份增长率为负值），该阶段的平均增长率 7.46%，对比国外相对偏低（国外此阶段年平均增长率 10.6%）。2016 年至 2022 年，属于高速发展阶段，此阶段平均增长率 99.06%，相关领域研究发文数量高速增长，此阶段比国际相关研究增长率偏高。由此可知，移动互联、芯片技术等高新技术的发展为人工智能打下了坚实的基础。

4.4.3 核心研究力量分析

探求国内人工智能研究领域的发展情况同样需要进行核心研究力量的分析，分别从核心研究作者，核心研究团队，核心研究机构发文贡献展开。

1. 核心研究作者分析

使用普赖斯定律公式 $M_p = 0.749 * \sqrt{N_{pmax}}$ 进行高产作者的确定。由文献数

第 4 章
重庆市高层次人才引进岗位分析

据可知 $N_{p\max}=21$，带入可得 $M_p=3.43$ 取整后得 4，即国内人工智能领域高产作者发文量要求 ≥4。经统计高产作者人数为 40 人，发文总人数为 828 人，高产作者占比 4.83%，未到总人数的一半。由此，国内人工智能研究领域同样尚未形成高产作者群，相关研究由部分表现突出的作者引领，需要使用综合指数法继续确定核心作者。依据前述综合指数公式，定义中介中心性（G）、高产作者发文总量（H）、领域内作者论文被引次数（K）、第一作者发文数（L）构成，其权重依次为：10%、25%、30% 和 35%。定义综合指数为 Y，其计算公式为：

$$Y_i = (G_i/G_{阈} \times 10\% + H_i/H_{均} \times 25\% + K_i/K_{均} \times 30\% + L_i/L_{均} \times 35\%) \times 100$$

（其中 i=1, 2, 3, ...40,）

通过统计计算，以上四个指标的阈值为：$G_{阈}=0.1$、$H_{均}=11.2$、$K_{均}=9.3$、$L_{均}=8.7$。将上述均值代入公式，可得综合指数 Y 的阈值为 100，即大于 100 的为核心作者。相关计算结果详见国际人工智能核心作者（TOP12）综合指数统计表（表 4.19）。

表 4.19 国内人工智能核心作者（TOP12）综合指数统计表

姓名	G	H	K	L	G指数	H指数	K指数	L指数	Y指数	排名
徐英瑾	0	22	17	21	0	1.96	1.83	2.41	188.28	1
刘方喜	0	20	19	19	0	1.78	2.04	2.18	182.24	2
刘宪权	0	19	19	19	0	1.69	2.04	2.18	180.01	3
高奇琦	0	17	18	19	0	1.51	1.94	2.18	172.34	4
肖峰	0	18	17	17	0	1.60	1.83	1.95	163.29	5
闫坤如	0	14	12	14	0	1.25	1.29	1.61	126.19	6
王天恩	0	14	10	13	0	1.25	1.08	1.49	115.71	7
刘进	0	14	14	9	0	1.25	1.51	1.03	112.53	8
阈值	0.1	11.2	9.3	8.7	1	1.00	1.00	1.00	100.00	
喻国明	0	12	8	11	0	1.07	0.86	1.26	96.77	9
程承坪	0	12	7	11	0	1.07	0.75	1.26	93.54	10
何勤	0	12	12	6	0	1.07	1.29	0.69	89.55	11
陶锋	0	10	7	9	0	0.89	0.75	1.03	81.04	12

由表可知，国际人工智能研究领域的领军人物是徐英瑾、刘方喜、刘宪权、高奇琦和肖峰，共计五位学者，其综合指数排名均超过了 150 分。除了

综合指数靠前以外，各项指标均为前列，对于他们的研究成果需要重点关注，尤其是最近发表的文献往往代表国内学科的前沿。闫坤如、王天恩和刘进这三位学者也做出了突出贡献，属于核心作者序列。但第一作者发文量不高，成果主要集中在团队的成果之中。喻国明和程承坪的综合指数非常接近阈值，表明他们科研实力非常接近核心研究作者，如果研究内容能够获得突破在第一作者发文或者找到新的研究创新提高被引量，则会很快跻身核心作者序列。

2. 核心研究团队分析

国内核心团队分析，借助 CiteSpace 知识图谱工具对前述 CNKI 数据源进行作者合作网络分析，得到国内人工智能研究领域核心研究团队分布图（图 4.19）。

图 4.19　国内人工智能研究领域核心研究团队分布图

由图 4.19 可知，国内人工智能研究领域的核心研究团队同样也还未形成。作者中心性均为零，远未达到 0.1 的阈值要求。知识图谱的可视化分析结果与前述核心作者综合指数统计表的结果一致，前 12 位核心作者均在可视化图谱（图 4.19）中体现。综合分析表明，国内人工智能的研究后续需要加强团队合作共同推动人工智能的发展。

3. 核心研究机构分析

关于国内研究机构的分析，通过知识图谱可知，由于中介中心性仍然为

第 4 章
重庆市高层次人才引进岗位分析

0，且频次相对不高，合作关系较为单一，故用 CiteSpace 知识图谱数据即可满足分析需要，不必再使用综合系数法。

由图 4.20 与表 4.20 可知，我国人工智能研究领域核心机构排名前三的是复旦大学、南开大学和中南财经政法大学。不仅如此，通过知识图谱还可发现，以复旦大学、清华大学、上海大学和武汉大学为主的机构群落已经初步成型。而另一核心结构群落为北京师范大学和中国人民大学组成的第二研究群落。总体上，上述机构构成了国内人工智能研究的主体。

图 4.20 国内人工智能研究领域核心研究机构分布图

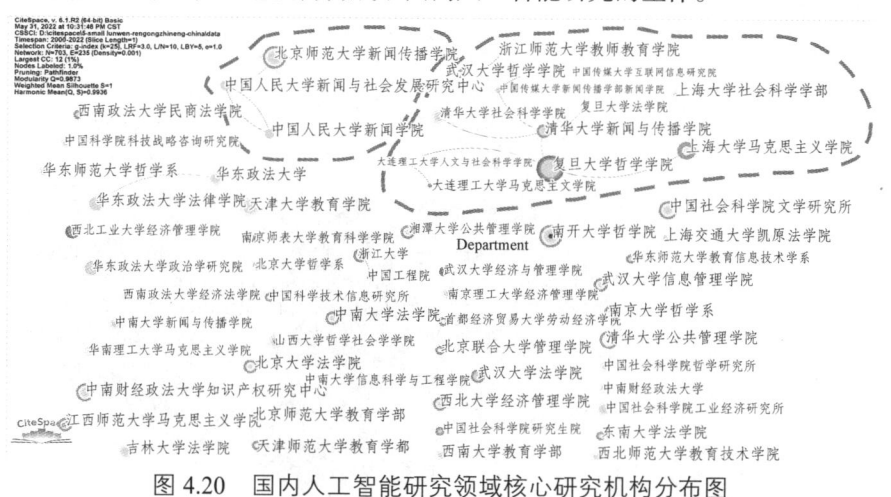

表 4.20 国内人工智能核心机构（TOP20）综合指数统计表

排名	机构名称	频次	排名	机构名称	频次
1	复旦大学哲学学院	25	11	华东政法大学	15
2	南开大学哲学学院	24	12	天津大学教育学院	15
3	中南财经政法大学知识产权研究中心	21	13	西北大学经济管理学院	15
4	清华大学公共管理学院	20	14	武汉大学信息管理学院	15
5	中国社会科学院文学研究所	18	15	中南大学法学院	15
6	北京师范大学新闻传播学院	17	16	华东政法大学政治学研究院	14
7	吉林大学法学院	16	17	江西师范大学马克思主义学院	14
8	华东政法大学法律学院	16	18	北京大学法学院	14
9	清华大学新闻与传播学院	16	19	上海交通大学凯原法学院	13
10	上海大学马克思主义学院	15	20	河北工业大学经济管理学院	13

4.4.4 人工智能研究热点分析

继续使用 CiteSpace 工具对前述 CNKI 数据开展关键词词频、中心性和聚类分析，得到关键词词频、中心性和聚类规模列表和图谱。如图 4.21 和表 4.21 所示。

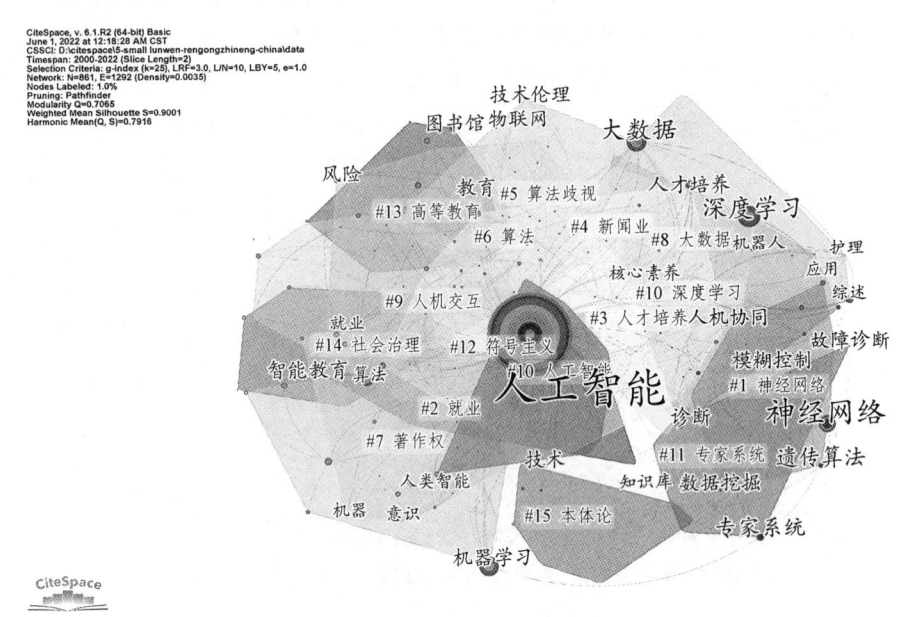

图 4.21 国内人工智能研究领域关键词、聚类分布图

表 4.21 国内人工智能研究聚类（TOP15）分布表

聚类	规模	聚类	关键词（频率/中心性）
0	167	人工智能	人工智能（4435/1.34）；法律规制（26/0.01）；遗传算法（24/0.05）；知识管理（3/0.01）；系统设计（7/0.01）；机器学习（200/0.07）
1/6	96	神经网络与相关算法	神经网络（92/0.13）；遗传算法（24/0.05）；模糊控制（9/0.02）；入侵检测（3/0.02）；算法（76/0.03）；数据（14/0.01）；治理（13/0.01）；政策工具（12/0.01）；智能算法（7/0.01）
2	50	就业	就业（29/0.02）；机器（12/0.01）；意识（14/0.03）；人类智能（18/0.01）；劳动力（5/0.01）

续表

聚类	规模	聚类	关键词（频率/中心性）
3/13	49	人才培养与高等教育	人才培养（52/0.03）；职业教育（29/0.02）；新工科（18/0.01）；产教融合（14/0.01）；教育（36/0.02）高等教育（28/0.01）；深度融合（12/0.01）；赋能（15/0.01）；图书馆（32/0.03）；变革（19/0.01）
4	46	新闻业	新闻业（18/0.03）；媒体大脑（6/0.02）；物联网（16/0.01）；全球治理（11/0.01）
5	45	算法歧视	算法歧视（16/0.01）；算法黑箱（8/0.01）；伦理问题（13/0.03）；技术伦理（11/0.01）；技术风险（10/0.02）；风险（30/0.01）
7	44	著作权	著作权（52/0.05）；独创性（30/0.01）；权利归属（13/0.01）；知识产权（22/0.01）
8	44	大数据	大数据（210/0.09）；综述（39/0.03）；互联网（9/0.02）；机器人（36/0.02）；中国（7/0.01）；数据挖掘（23/0.02）；数据库（12/0.01）
9	44	人机交互	人机交互（21/0.01）；知识图谱（35/0.01）；研究前沿（7/0.01）；翻译技术（7/0.01）；可视化（8/0.02）；人机协同（29/0.01）
10	42	深度学习与医学应用	深度学习（247/0.1）；诊断（50/0.01）；肿瘤（14/0.01）；影像组学（23/0.01）；病理学（8/0.01）
11	36	专家系统	专家系统（53/0.1）；知识库（9/0.03）；故障诊断（19/0.03）；知识表示（4/0.01）；模糊推理（4/0.01）
12	27	符号主义	符号主义（9/0.01）；联结主义（5/0.01）；异化（7/0.01）；伦理困境（7/0.01）；伦理（34/0.01）；
14	22	社会治理	社会治理（16/0.01）；系统设计（7/0.01）；新技术（5/0.01）；智能制造（22/0.04）；疫情防控（5/0.01）
15	20	本体论	本体论（9/0.01）；方法论（7/0.01）；认识论（15/0.02）；刑事责任（16/0.01）；不确定性（9/0.01）

总体上看，国内人工智能领域的研究主要分布在如表 4.21 所示的十五个方面，其中以人工智能算法、就业影响、人才培养与教育、新闻业、大数据应用、深度学习、医学应用、算法歧视、社会治理等为主要方面。相对于国外研究，国内同时也十分关注人工智能的应用，人才、教育和社会治理以及伦理道德的思考。

4.5 产业薄弱知识节点判别与引进岗位分析

4.5.1 机器人研究总结与薄弱环节判断

1. 发文量方面

国际上文献显示，机器人领域研究文献较多、成果较为丰富，前20个研究机构发表的文献数量占到机器人领域发表文献总量的18.24%。从研究机构的国家分布看，中国占6席，发文数量占到该领域文献总量的6.83%，其次是美国，发文量占到该领域文献总量的3.58%，这两个国家在该研究领域占据主导地位，具有比较大的领先优势。除德国、意大利和瑞士外，其余4席分别被日本、韩国占据，这2个亚洲国家发表的文献数量占国际机器人领域文献总量的3.66%，这表明亚洲国家在机器人领域也占有较为重要的科研地位。

2. 作者贡献方面

排名前5位的作者分别是 LIU Y、WANG Y、LI Y、WANG Z、KIM J。重庆市则以张毅、罗元、程平、罗天洪、王毅共计五位学者，排名靠前。对比来看，同样综合指数影响因子权重条件下，国际学者比国内得分高。主要体现在发文数量和被引频次上，表明国际权威学者对于机器人的相关研究更加深入，且在单个细分领域上有开拓作用。

3. 团队与机构贡献方面

从具体的研究机构来看，美国的麻省理工学院发表的相关文献数量最多，2010—2022年总共发表358篇，占该领域文献总量的1.72%。卡耐基梅隆大学紧随其后，发文数量302篇，占到1.5%。第三名是中国的哈尔滨工业大学，发文数量为294篇，占到1.41%。而重庆地区的研究机构没有入选世界20强。在外文文献发表上，重庆地区重庆大学的发文数量最多，达到了197篇，占重庆市机器人研究机构发文数量的50%。重庆市其他机器人研究机构诸如重庆邮电大学、西南大学、第三军医大学等发文数量相差不大。总体上这7家院校、研究机构构成了重庆市机器人研究的主体结构。

国际关键词共现图谱中关于"机器人"的关键词出现的最多，有 Robot（机器人）、Mobile Robots（移动机器人）、Manipulators（机器人）、Humanoid

Robot（人型机器人）、Multi-robot System（多机器人系统）、Mobile Robot（移动机器人）；其余的关键词可以分类为以下几个方面：①机器人在工业（制造业、汽车工业）方面的应用，如 Design（设计）、System（系统）、Navigation（导航）；②机器人运动协调控制方面理论的探索，如 tracking（跟踪）、walking（步态）、Localization（定位）、Dynamics（力学）、Algorithm（演算）。2010—2022 年机器人领域文献关键词分析可以得出，第一，这一阶段的研究热点主要集中在机器人在制造业方面的应用、机器人在运动协调控制方面的理论探索、机器人人工智能方面的应用，重庆市研究机构的外文文献基本遵循了国际研究的热点，重庆市机器人产业发展已具备了较为完善的产业配套体系、人才基础和市场品牌。第二，重庆机器人产业链从研发、生产、销售、服务等各个环节都有较高水准的企业团队。这些优势将有效推进重庆市机器人产业的快速发展。

根据重庆市的国内文献发现，重庆市对于机器人的研究基本上集中于机器人设计与误差分析、财务机器人应用、外科医学应用等方面。但关键词共现频次较少，说明研究成果仍然不够丰富，重庆市需要在机器人产业继续加大研发支持力度。为了促进重庆市机器人产业的发展，必须引进机器人领域高层次科技人才。通过对比国际机器人产业与重庆市机器人产业的发展可以得出，国际机器人产业的发展更趋于多元化，机器人领域在工业（制造业、汽车工业）、人工智能、机器人试验与模拟的应用较为先进。

重庆市在机器人运动协调控制研究、机器人试验与模拟、机器人与人工智能的结合方面的研究属于薄弱的研究方向，这些方向需要引进高层次科技人才。重庆工业机器人产业以智能制造为核心，已涉及工业机器人、特种机器人、服务机器人、农业机器人等系列产品，属于比较有特色的研究方向，但产品的竞争力还需要进一步加强。

4.5.2 机器人产业人才引进岗位分析

要想确定机器人产业人才引进关键岗位，必须集合动态分析与静态分析。一个通过研究方向的变化趋势状况来确定（动态），另一个采用各研究方向关键词共现频次所占比重来确定（静态）。

从动态考察，可以运用 CiteSpace 工具进行时间段（时间切片为 5 年）趋势分析，通过趋势分析我们可以看到，工业制造业领域一直是近 10 年机器人产业研究的重点内容，运动协调控制、试验与模拟、人工智能的研究是近五年研究的热点，因此工业制造业、运动协调控制、试验与模拟、人工智能四个领域是机器人产业引进人才的重点领域。

从静态考察，我们可以分析各研究关键词所属研究方向所占频次，如表4.22所示。

表4.22　2010—2022关键词信息统计表 Top 20

排名	频次	关键词	研究方向
1	2296	Design（设计）	工业制造业
2	1781	Robot（机器人）	工业制造业
3	1617	System（系统）	工业制造业
4	1186	Mobile Robot（移动机器人）	工业制造业
5	1042	Model（模型）	工业制造业
6	792	Human-robot Interaction（人机交互）	人工智能
7	733	Manipulator（机械手）	试验与模拟
8	665	Motion（运动）	运动协调控制
9	662	Algorithm（算法）	运动协调控制
10	601	Locomotion（移动）	运动协调控制
11	569	Humanoid Robot（人型机器人）	试验与模拟
12	568	Optimization（优化）	试验与模拟
13	523	Navigation（导航）	工业制造业
14	471	Dynamics（力学）	运动协调控制
15	469	Tracking（跟踪）	运动协调控制
16	466	Walking（步态）	运动协调控制
17	401	Multi-robot System（多机器人系统）	试验与模拟
18	381	Path Planning（路径规划）	人工智能
19	378	Motion Control（运动控制）	人工智能
20	367	Motion Planning（运动计划）	人工智能

表 4.23　各研究方向关键词共现频次比例表

项目	频次	比例
工业制造业	8445	52.89%
运动协调控制	3334	20.88%
试验与模拟	2271	14.22%
人工智能	1918	12.01%
合计	15968	100%

通过数据整理得到表 4.23，从表 4.23 可以看到，在国际机器人产业的发展中，工业制造业研究方向累计频次占总频次 52.89%，是最重要的基础性内容。其次，运动协调控制（20.88%）、试验与模拟（14.22%）、人工智能（12.01%）是近年研究的热点，代表未来的方向。通过综合分析，并结合重庆产业基础，得到重庆市在机器人领域重点引进的高层次科技人才的岗位重要程度建议表。如表 4.24 所示。

表 4.24　重庆市引进高层次人才岗位重要程度建议表（机器人产业领域）

岗位领域	引进重要程度
工业制造业	★★★★★
运动协调控制	★★★★
试验与模拟	★★★
人工智能	★★★

注：非常重要：★★★★★　较为重要★★★★　重要★★★

4.5.3　人工智能研究总结与引进岗位建议

通过上述分析，人工智能相关研究总结如下：

1. 发文量方面

国内外均可以分为萌芽期（2000 年之前），发展起步期（2000 年至 2015

年)和高速发展期(2016年至2022年)。发展起步期,国内发文量年均增长率比国外略低,但是高速发展期却比国外高。这表明2016年之后,随着我国经济、技术、移动互联等的全面发展,人工智能技术也同步得到快速提升,高于国际平均水平。

2. 作者贡献方面

国际人工智能研究领域的领军人物是 ZHANG Y、LIU Y、ZHANG J、LI Y、WANG Y、LI J、WANG J 和 WANG X 共计八位学者,其综合指数排名均超过了200分。国内的研究,则以徐英瑾、刘方喜、刘宪权、高奇琦和肖峰,共计五位学者,其综合指数排名均超过了150分。对比来看,同样综合指数影响因子权重条件下,国际学者比国内得分高。主要体现在发文数量和被引频次上,数据显示国际权威学者对于人工智能的相关研究更加深入,且在单个细分领域上有开拓作用。后续需要重点关注核心作者的发文研究情况以及潜力成员的研究动态。

3. 团队与机构贡献方面

国内外人工智能研究领域的核心研究团队均还未完全形成。但是机构贡献度方面,国际前20位机构排名中,美国结构占比35%排名第一,中国机构占比30%位居第二,虽未占据第一,但是总体靠前。中国上榜机构以"中国科学院"领先,然后是"中山大学""上海交通大学""华中科技大学""浙江大学"和"清华大学"。以上学校机构代表了我国在国际人工智能研究领域的机构水平属于前沿。整体上看呈现"东升西降"的态势,但后续仍然需要国家与社会加大投入。

研究热点方面。国内外均高度关注 Artificial Intelligence(人工智能)为代表的"Machine Learning(机器学习)、deep learning(深度学习)"机器人智能化研究;以 Algorithm(算法)为代表的计算方法研究;以 Big Data(大数据)为主的相关管理、应用的开发;以 Medical Treatment(医疗治疗)为代表的医疗健康的应用研究和关于人工智能 Safety Index(安全风险)相关的思考和思辨。研究范围方面也有不同,国内高度关注人才培养、人工智能的教育影响、对就业影响、著作权的影响与社会治理的探究,充分体现出了国内以人为本、重视人才和优越的制度体制。研究深度上看,国际上更着重关注人工智能的本身、相关算法研究和基层技术的开发偏向基础研究;而国内则侧重于现有的人工智能成果在商业场景以及为社会治理赋能上，偏向应用开发。结合以上研究，我们可以发现，重庆人工智能方面的人才引进可以优先考虑国内人才，因为国内人才更偏重应用开发，这与重庆产业布局中制造业占据优势地位是匹配的。

第 5 章
基于知识图谱构建产业人才地图的技术与方法

第四章我们通过 CiteSpace 可视化软件通过对比国内与国际某领域知识图谱的差异，了解国内该研究领域的差距与不足，将知识网络中缺失知识点的计算和判别，转化为岗位确定与测算问题。将传统一般人才招聘工作的人岗匹配，转化为超前设岗，从而实现高层次人才引进工作的科学有效性。并针对机器人产业和人工智能产业，提出了相应的方向性的岗位建议。下文具体探讨基于知识图谱构建产业人才地图的技术与方法。

5.1 知识图谱的概念与发展

5.1.1 知识图谱的概念

知识图谱是用于存储和表示现实世界中实体及其关系的一种图形化表示方法。它通过节点和边的形式，将实体（如人、地点、事件、概念等）及其之间的关系进行建模，以便计算机能够理解和推理这些信息。知识图谱的核心在于语义理解，通过将知识以图形方式展现，使得机器能够进行智能搜索、问答、推荐等任务。知识图谱不仅仅是数据的集合，更是一个动态的知识库，能够随着信息的更新而不断演变。

5.1.2 知识图谱的发展

知识图谱的起源可以追溯到 20 世纪 60 年代的知识表示技术，但真正的突破发生在 2012 年，当时谷歌推出了其"知识图谱"服务。该服务旨在提升搜索引擎的语义理解能力，帮助用户找到更精准的信息。谷歌的知识图谱通过将数据与实体关联，使用户能够获取丰富的背景信息，而不仅仅是关键词匹配的结果。

此后，许多科技公司纷纷投入知识图谱的研究和应用。2014年，Facebook推出了其"实体图谱"，用于加强社交网络中的用户体验和内容推荐。此外，其他公司如微软、IBM和百度等也相继开发了自己的知识图谱，覆盖了医疗、金融、教育等多个领域。

随着人工智能和大数据技术的发展，知识图谱的构建和应用逐渐成熟，成为了自然语言处理、推荐系统、智能问答等多种应用场景的重要基础。在学术界，知识图谱的研究也不断深化，涉及到知识抽取、知识融合、推理等多个方面，为各行各业提供了强有力的技术支持。

5.2 人才地图的定义与应用

5.2.1 人才地图的定义

人才地图是指通过地理信息系统（GIS）技术、数据可视化和分析手段，将某一地区或行业的人才分布、需求和供给等信息进行可视化呈现的工具。它不仅包含人才的基本信息，如学历、专业和工作经历，还可以反映出区域内各行业对人才的具体需求情况。人才地图旨在为政府、企业和教育机构等相关方提供决策支持，帮助他们更好地进行人才规划和管理。

人才地图的概念最早出现在20世纪末，主要依赖手工绘制和简单的数据汇总。此阶段的地图多为静态，缺乏实时更新能力。随着地理信息系统（GIS）和数据分析技术的发展，人才地图开始实现自动化和动态更新。GIS技术的应用使得数据可视化变得更加直观，能够反映实时人才流动和分布情况。近年来，随着大数据和机器学习技术的普及，人才地图的构建变得更加智能化。通过对历史数据和实时数据的深度分析，人才地图能够实现精准的人才需求预测，帮助决策者制定更为有效的策略。成都、深圳和北京等城市，已经建立了高科技人才地图，以支持城市的人才引进和产业发展（如图5.1）。这些地图整合了多种数据源，如企业招聘信息、政府统计数据和行业报告，为决策提供了科学依据。

图 5.1　成都高新区人才地图
来源：https://gxrcdt.zhaopin.com/

5.2.2　人才地图的应用

人才地图可以帮助各行业识别当前和未来的人才需求。通过分析人才地图，政府和企业可以了解人才稀缺的领域，从而制定相应的引才和培养政策。例如，在快速发展的科技行业，人才地图可以显示出对数据科学家和人工智能工程师的高需求，促使教育机构调整课程设置适时培养相关专业的人才。

人才地图为地方政府的经济发展提供数据支持。政府可以通过人才地图分析各区域人才的分布情况，合理配置资源，吸引更多的人才到高需求区域。例如，一些城市利用人才地图分析，发现某些区域的高科技人才密集度较低，从而制定福利政策以吸引高层次人才入驻。

企业可以利用人才地图分析现有员工的分布和能力，进而优化人力资源配置。通过查看特定技能的人才在哪些区域集中，企业可以有效制定招聘策略，提高人才的使用效率。例如，如果某个城市集中大量的工程技术人才，企业可以优先考虑在该地区进行招聘或开设办事处。

政府部门和行业协会可以利用人才地图的数据支持政策的制定与评估。通过实时更新的人才地图，决策者可以根据人才的流动趋势和行业需求变化，及时调整人才引进、培养和使用政策，以保证政策的有效性和针对性。

5.3 知识图谱与产业人才需求分析的关系

知识图谱在产业人才需求分析中扮演着至关重要的角色，通过将复杂的知识结构化并进行可视化，帮助决策者理解和预测不同领域的人才需求。知识图谱与产业人才需求分析之间关系主要体现在：

5.3.1 知识整合与可视化

知识图谱能够将行业相关的知识和数据进行整合，形成一个多维度的知识网络。这种整合不仅包括人才的技能、教育背景和工作经历，还涵盖了行业的发展趋势、市场需求和技术进步等因素。通过可视化的方式，决策者可以直观地查看各类人才的供需关系，以及特定技术或行业的需求变化。这种信息的整合使得决策者能够更清晰地了解行业内人才的真实需求。

5.3.2 动态更新与实时分析

知识图谱的一个显著优势是其动态更新能力。通过实时收集行业数据，如企业招聘信息、就业市场动态和人才流动趋势，知识图谱能够提供最新的人才需求分析。这种实时性使得政府、企业和教育机构能够及时调整人才引进和培养策略，以满足不断变化的市场需求。

5.3.3 基于数据的决策支持

知识图谱提供了一个数据驱动的决策支持框架。通过分析历史数据和当前趋势，决策者可以利用知识图谱识别人才需求的关键领域和技能短缺。这种基于数据的洞察能力帮助组织做出更为精准的人才管理和规划决策，从而有效提升人才的配置效率和资源的利用率。

5.3.4 促进跨行业协作

知识图谱还能够促进不同产业之间的协作，通过分析不同领域人才的需求交集，推动跨行业的人才共享和流动。例如，某些新兴技术（如人工智能和大数据分析）在多个行业中都有应用，知识图谱能够揭示这些领域的共通技能需求，从而促进相关行业间的合作和人才流动。

5.4 产业人才需求分析

5.4.1 产业趋势与人才需求

产业趋势与人才需求之间的关系密切且复杂。随着行业的演变和市场需求的变化，所需的人才类型、数量和技能也会相应调整。

当某一行业快速增长时，对特定技能和专业人才的需求会显著增加。例如，近年来，随着人工智能和大数据技术的普及，IT和数据分析领域对技术人才的需求急剧上升。行业的快速发展通常伴随着人才短缺的问题，企业必须采取有效措施来吸引和培养所需人才。

技术创新推动了产业结构的升级，传统行业也在不断向新兴技术领域转型。这意味着现有的劳动力可能需要通过再培训或继续教育来适应新的技能要求。例如，制造业的自动化转型要求工人掌握复杂机械的操作能力，而这往往需要通过专项培训来实现。

政府的产业政策往往会影响人才需求。例如，国家对某些战略性新兴产业的支持（如新能源、智能制造等）可能会促使相关领域对人才的需求增加。政府通过提供财政支持和政策优惠，吸引人才流入这些领域，以促进经济发展。

全球化加剧了行业间的竞争，企业面临的人才争夺战日益激烈。跨国公司为了在全球范围内寻找和保留顶尖人才，往往会根据行业趋势调整其招聘策略和人才发展计划。这种现象在高科技行业尤其明显，许多公司通过吸引国际人才来增强竞争优势。

进行产业技术趋势监测是把握行业动态、推动创新和制定人才需求战略的关键。以下是一些主要方法：

1. 文献与报告分析

通过定期查阅学术期刊、行业报告和技术白皮书，获取最新的技术研究成果和市场动态。研究机构如麦肯锡（McKinsey）、普华永道（PwC）和德勤（Deloitte）经常发布有关技术趋势的报告。

2. 技术专利分析

监测相关领域的专利申请和发布情况，可以揭示新技术的研发方向和潜在的市场应用。使用专利数据库（如 Google Patents 或中国国家知识产权局）可以有效地跟踪技术创新。

3. 行业会议与展览

参与相关行业的会议、展览和研讨会，与专家和同行交流，了解行业前沿技术和趋势。这些活动通常是技术发布和创新的温床。

4. 案例研究

分析行业内领先企业的案例，研究他们在技术应用、产品开发和市场策略方面的成功经验，以获取可借鉴的做法。

5. 定期调研与专家访谈

通过对行业专家、学者和从业者的访谈，收集关于技术趋势的定性数据和见解，帮助深入理解行业变化。

6. 数据分析与模型预测

利用大数据分析工具如 Python、R 和机器学习模型对市场数据进行分析，预测未来的技术趋势。这种方法能够识别潜在的技术路径和市场机会。通过以上方法，企业能够更好地监测和理解产业技术趋势，从而为决策提供科学依据。

5.4.2 人才需求预测的方法与模型

人才需求预测是一个复杂的过程，涉及多个因素和变量。常用的方法和模型如下：

1. 定量预测模型

（1）线性回归

线性回归是一种基础的统计方法，用于建立自变量（行业增长率、市场规模）与因变量（人才需求）之间的线性关系。假设人才需求 Y 是一个线性函数，可以表示为：
$$Y=\beta_0+\beta_1 X_1+\beta_2 X_2+\cdots+\beta_n X_n+\epsilon$$

其中 $X_1, X_2, \cdots, X_n$ 是影响人才需求的不同变量，β 是回归系数，ϵ 是误差项。这种模型可以利用历史招聘数据进行训练，从而预测未来的需求。

可以通过建立一个人才供需匹配模型，帮助重庆市科学预测未来行业的人才需求。以下是一个简单的模型设计框架示例，采用线性回归方法。

① 模型目标。

预测某一行业在未来几年的人才需求量。

② 输入变量。

选择一系列影响人才需求的因素作为输入变量：

行业规模（X_1）：行业的总产值或营业收入。

历史就业数据（X_2）：过去几年该行业的就业人数变化情况。

毕业生数量（X_3）：相关专业的高校毕业生人数。

培训输出（X_4）：职业培训机构每年培养的人才数量。

经济增长率（X_5）：影响整体人才需求的经济发展因素。

③ 输出变量。

人才需求量（Y）：未来一段时间内预测的行业人才需求人数。

④ 模型公式。

可以采用线性回归的形式表示模型：
$$Y=\beta_0+\beta_1 X_1+\beta_2 X_2+\beta_3 X_3+\beta_4 X_4+\beta_5 X_5+\epsilon$$

其中，β_0 是截距项，$\beta_1, \beta_2, \ldots, \beta_5$ 是各个输入变量的回归系数，ϵ 是误差项。

⑤ 数据收集与分析。

数据收集：通过行业协会、政府统计部门、教育机构门户网站等途径获取所需数据。

回归分析：使用统计软件（如 Python 中的 scikit-learn 或 R 语言）进行回归分析，计算回归系数。

⑥ 模型评估。

拟合优度（R^2）：检查模型的解释力。

残差分析：确保模型残差符合正态分布且无明显异方差性。

⑦ 实际应用。

根据模型的预测结果，调整人才引进和培养计划。例如，如果模型预测某行业未来需要增加 500 名技术人才，则相关部门可据此制定相应的人才培养和引进政策。

我们也可以用 Python 使用 scikit-learn 进行线性回归：

```
import pandas as pd
from sklearn.model_selection import train_test_split
from sklearn.linear_model importLinearRegression
from sklearn.metrics import mean_squared_error,r2_score
# 假设数据已经加载到 dataframe 中
data = pd.read_csv('industry_data.csv') # 数据文件
# 定义特征和目标变量
X= data[['Industry_Size','Historical_Employment','Graduates','Training_Output','Economic_Growth']]
y = data['Talent_Demand']
# 数据分割
X_train,X_test,y_train,y_test = train_test_split(X,y,test_size=0.2,random_state=42)
# 模型训练
model =Linear Regression()
model.fit(X_train,y_train)
# 预测
y_pred = model.predict(X_test)
# 模型评估
print('Mean Squared Error:',mean_squared_error(y_test,y_pred))
print('R²Score:',r2_score(y_test,y_pred))
```

通过建立这样的模型，重庆市能够更好地把握行业的人才需求变化，为人才战略规划提供科学依据。未来可以根据模型预测结果，进一步调整和优化人才引进和培养策略，以适应市场变化。

（2）时间序列分析模型

时间序列分析用于基于历史数据预测未来趋势。例如，使用自回归综合滑动平均模型（ARIMA）来预测某一行业未来的人才需求。该模型考虑了历史数据中的趋势和季节性，能够有效捕捉到时间序列中的模式。

时间序列分析是一种强有力的工具，能够帮助我们基于历史数据预测未来的趋势。以下是一个基本的时间序列分析模型示例：

自回归综合滑动平均模型（ARIMA），ARIMA 模型是一种广泛用于时间序列预测的统计模型，适用于非季节性时间序列数据。它由三部分组成：

① AR（自回归）：当前值与过去值之间的关系。

② I（差分）：通过差分消除非平稳性，使数据平稳。

③ MA（移动平均）：当前值与过去误差之间的关系。

模型表示：ARIMA 模型通常表示为 ARIMA（p，d，q），其中：

P 是自回归项的数量。

d 是差分次数。

q 是移动平均项的数量。

具体的分析步骤为：

① 数据收集：获取历史人才需求数据。

② 数据预处理。

平稳性检验：使用单位根检验（如 Augmented Dickey-Fuller Test）确定数据是否平稳。

差分处理：如数据非平稳，通过差分处理使其平稳。

③ 模型拟合。

使用统计软件（如 Python 的 statsmodels 库）拟合 ARIMA 模型。

选择最佳的 p，d，qp，d，qp，d，q 参数组合，通常可以使用 AIC（赤池信息量准则）或 BIC（贝叶斯信息量准则）进行模型选择。

④ 模型验证：通过残差分析检查模型的拟合效果。

⑤ 预测：使用拟合好的模型进行未来人才需求的预测。

以下是使用 Python 实现 ARIMA 模型的简单示例：

```
import pandas as pd
import numpy as np
import statsmodels.api as sm
```

```
import matplotlib.pyplot as plt
# 读取时间序列数据
data = pd.read_csv('talent_demand.csv',index_col='date',parse_dates=True)
# 差分处理
data_diff = data.diff().dropna()
# 拟合 ARIMA 模型
model = sm.tsa.ARIMA(data,order=(p,d,q))
results = model.fit()
# 进行预测
forecast = results.forecast(steps=10) # 预测未来 10 期
plt.plot(data.index,data,label='Historical Demand')
plt.plot(forecast.index,forecast,label='Forecasted Demand',color='red')
plt.legend()
plt.show()
```

（3）需求预测模型

一些企业和研究机构开发了基于需求的预测模型，例如使用结构方程模型（SEM）来分析影响人才需求的多个因素，并预测未来的人才需求变化。这种模型可以同时考虑多个变量的相互关系。

结构方程模型（SEM）是一种多变量统计分析方法，能够同时处理多个因果关系，适用于预测复杂系统中的变量之间的相互影响。在人才需求预测中，SEM 可以帮助分析影响人才需求的多个因素，如市场需求、技术进步、政策变化、教育水平等。一些企业通过 SEM 分析人才需求变化，如某技术公司分析市场需求与技术创新对其研发人才需求的影响，从而优化人才引进方案和培养策略。

具体的步骤示例如下：

① 模型构建。

变量选择：确定潜变量（如市场需求、技术进步、政策支持、教育水平）和观察变量（如人才引进数量、行业招聘数量、行业增长率）。

关系设定：建立潜变量之间的因果关系，如：

市场需求→人才需求

技术进步→ 人才需求

政策支持→ 人才需求

教育水平→ 人才供给

② 模型公式。

可以表示为以下方程：$Talent\ Demand = \beta_1 \times Market\ Demand + \beta_2 \times Technology\ Advancement + \beta_3 \times Policy\ Support + \beta_4 \times Education\ Level + \epsilon$

其中，β_1、β_2、β_3、β_4 为路径系数，ϵ 为误差项。

③ 模型验证。

使用样本数据进行估计，应用软件（如 LISREL、Amos 或 R 中的 lavaan 包）进行模型拟合。

检查模型的拟合优度指标（如 CFI、TLI、RMSEA）以确保模型的有效性。

（4）支持向量机（SVM）模型

支持向量机是一种用于分类和回归分析的强大工具，可以用于预测人才需求。通过训练历史数据，SVM 能够在高维空间中找到最佳分割超平面，从而实现有效的人才需求预测。技术企业可以利用 SVM 分析历史招聘数据，预测未来人才需求，以便更好地制定人力资源策略。

支持向量机（SVM）是一种监督学习算法，适用于分类和回归分析。SVM 通过在特征空间中寻找最佳超平面，将数据点分类或进行回归。其优势在于能够处理高维数据，并且在小样本学习和非线性分类中表现良好。

具体模型示例如下：

① 数据准备。

特征选择：选择影响人才需求的相关特征，例如行业增长率、技术创新水平、市场需求、教育水平、招聘历史等。

数据集划分：将数据集分为训练集和测试集（例如，70%的数据用于训练，30%的数据用于测试）。

② 模型构建。

使用 Python 中的 scikit-learn 库来构建 SVM 模型。以下是一个简单的实现代码示例：

```
from sklearn import datasets
from sklearn.model_selection import train_test_split
```

```
from sklearn.svm import SVR
from sklearn.metrics import mean_squared_error
# 加载数据集(例如,行业人才需求数据)
data = datasets.load_your_data() # 这里加载你自己的数据集
X= data.data    # 特征
y = data.target    # 目标变量(人才需求量)
# 划分数据集
X_train,X_test,y_train,y_test = train_test_split(X,y,test_size=0.3,random_state=42)
# 创建支持向量机回归模型
model =SVR(kernel='rbf') # 使用 RBF 核
model.fit(X_train,y_train) # 训练模型
# 进行预测
y_pred = model.predict(X_test)
# 评估模型
mse = mean_squared_error(y_test,y_pred)
print(f'Mean Squared Error:{mse}')
```

③ 模型评估。

使用均方误差（MSE）、决定系数（R^2）等指标评估模型性能。

通过交叉验证来提高模型的泛化能力。

（5）人工神经网络（ANN）

人工神经网络（ANN）是一种模拟生物神经网络结构的计算模型，能够有效捕捉复杂的非线性关系。常用的 ANN 架构包括多层感知器（MLP），其由输入层、隐藏层和输出层组成，适合用于回归和分类任务，特别是在人才需求预测方面。例如，高科技企业利用多层感知器分析历史招聘数据，预测未来人才需求，以便于制定人力资源战略。

神经网络模型能够捕捉复杂的非线性关系，适用于预测人才需求的任务。例如，通过构建多层感知器（MLP），利用历史招聘和市场数据，模型可以学习到人才需求的复杂模式，从而进行精准预测。

具体模型示例如下：

① 数据准备。

特征选择：选择影响人才需求的相关特征，例如行业增长率、技术发展水平、市场需求、招聘历史等。

数据集划分：将数据集分为训练集和测试集（例如，70%的数据用于训练，30%的数据用于测试）。

② 模型构建。

使用 Python 中的 TensorFlow 或 Keras 库来构建多层感知器（MLP）。以下是一个简单的实现代码示例：

```python
import numpy as np
from tensorflow import keras
from tensorflow.keras import layers
from sklearn.model_selection import train_test_split
from sklearn.preprocessing import Standard Scaler
# 加载数据集(例如,行业人才需求数据)
data = np.load('your_data.npy') # 这里加载你自己的数据集
X= data[:,:-1]   # 特征
y = data[:,-1]    # 目标变量(人才需求量)
# 数据标准化
scaler =Standard Scaler()
X_scaled = scaler.fit_transform(X)
# 划分数据集
X_train,X_test,y_train,y_test = train_test_split(X_scaled,y,test_size=0.3,random_state=42)
# 创建多层感知器模型
model = keras.Sequential([
    layers.Dense(64,activation='relu',input_shape=(X_train.shape[1],)),# 输入层
    layers.Dense(64,activation='relu'),# 隐藏层
    layers.Dense(1) # 输出层
])
# 编译模型
```

```
model.compile(optimizer='adam',loss='mean_squared_error')
# 训练模型
model.fit(X_train,y_train,epochs=100,batch_size=32,validation_split=0.2)
# 进行预测
y_pred = model.predict(X_test)
# 评估模型
mse = np.mean((y_pred - y_test)** 2)
print(f'Mean Squared Error:{mse}')
```

③ 模型评估。

使用均方误差（MSE）、决定系数（R^2）等指标评估模型性能。

通过交叉验证来提高模型的泛化能力。

这些模型的选择和实施需要根据具体的行业特点和数据可得性进行调整。通过定量预测模型，企业和政府能够更好地理解未来的人才需求，从而优化人才管理与规划。

2. 定性预测方法

定性预测方法主要依靠专家的主观判断和行业内的专业知识，包括专家咨询、焦点小组讨论和行业调研，能够为未来人才需求提供有价值的见解。这种方法适用于不确定性较高的新兴行业或技术领域。

（1）专家咨询

专家咨询是一种通过与行业内资深专业人士进行面对面的访谈或在线问卷调查，收集他们对未来人才需求的看法和预判，从而进行人才预测的方法。

通过选取相关领域的专家，设计问卷或访谈提纲，收集并分析他们的意见。这种方法通常能揭示潜在的行业趋势和人才需求变化。

这种方法的优势在于，专家往往对市场变化、技术创新和行业动态有深刻的理解，其见解能够为人才预测提供重要的背景信息和判断依据。

（2）焦点小组

焦点小组是一种小规模的讨论会，通常由8-12名行业相关人员组成，旨在通过互动讨论收集对某一主题的看法。

通过选择具有代表性的参与者，设置讨论主题并由主持人引导讨论。通过观察和记录参与者的反馈，研究人员能够获取对未来人才需求的多元化看法。

这种方法的优势在于，这种方法能够深入挖掘参与者的想法、态度和情感，适合探讨复杂的需求预测问题。例如，在新兴技术领域，焦点小组能够揭示对技术人才需求的潜在看法和需求变化。

（3）行业调研

行业调研通过收集和分析行业内外的各种信息，评估市场动态和人才需求。

行业调研可以采用问卷调查、访谈和案例研究等多种形式，结合定量数据和定性信息，全面评估行业趋势。

这种方法的优势在于，行业调研能够综合各类信息，形成对人才需求的全面了解。例如，通过对竞争对手和行业标杆的调研，可以更好地预测自身的人才需求。

定性预测方法通过专家的主观判断和行业内的集体智慧，为未来人才需求提供了独特的视角。尽管这类方法在数据量和分析精度上不及定量方法，但在面对不确定性和复杂性较高的新兴行业时，定性方法能够有效补充和丰富人才预测的视野，帮助企业和组织制定更为合理的人力资源战略。IBM就利用专家咨询和焦点小组的方式来分析未来的技能需求。他们通过与行业领袖和技术专家的深入访谈，了解新兴技术（如人工智能和云计算）对人才的影响。例如定性研究帮助IBM制定了相应的人才培养计划，确保其人才队伍适应未来的市场变化。再如微软定期组织专家咨询会议，以收集业内专家对于未来技术趋势和人才需求的看法。他们通过与内部和外部专家的互动，识别出市场未来对于数据科学、网络安全等领域人才的需求。这些定性信息被用来调整公司的职业发展战略，确保员工的技能与市场需求保持一致。

3. 定性与定量综合预测方法

综合模型是将定量与定性分析相结合，通过高级数据分析技术（如机器学习、数据挖掘等）来进行人才需求预测的方法。这样的模型能够根据实时数据进行动态调整，以更好地反映市场变化，一些企业和研究机构已经成功应用了综合模型进行人才需求预测。例如Accenture通过整合市场分析、员工反馈和机器学习算法，开发了一个综合模型来预测未来的人才需求，以便更好地配置和培养人才。BM利用其Watson平台，通过构建综合预测模型，帮助企业在快速变化的技术环境中调整其人才战略。

这种模型具备以下特点和优势：

（1）数据融合

综合模型整合了来自不同来源的数据，包括定量数据（如招聘数量、行业增长率等）和定性数据（如专家意见、市场趋势分析等）。这种数据融合使得模型能够捕捉到更全面的人才需求信息。例如，通过对历史招聘数据的分析，结合行业专家的见解，模型能够更准确地预测未来的人才需求。

（2）动态调整

综合模型能够根据实时数据进行动态调整，以反映市场的变化。例如，利用机器学习算法，模型可以实时分析最新招聘信息、行业新闻、经济指标等数据，从而及时更新对人才需求的预测。这种灵活性使企业能够迅速应对市场变化，优化人才管理策略。

（3）预测准确性

通过结合多种分析方法，综合模型可以提高预测的准确性。例如，研究表明，使用随机森林或梯度提升树等机器学习算法，能够有效识别影响人才需求的关键因素，从而提升预测结果的可靠性。

下面是一个简单的综合模型案例，结合定量和定性分析来预测人才需求。

① 数据收集。

定量数据：收集行业的历史招聘数据（如过去三年的招聘人数、职位类别）、市场增长率、经济指标（如 GDP 增长率、行业投资等）。

定性数据：进行专家访谈和焦点小组讨论，获取行业专家对未来人才需求的见解。

② 数据处理。

对定量数据进行统计分析，使用时间序列分析法（如 ARIMA 模型）预测短期人才需求趋势。

对定性数据进行编码，提取出关键信息，以便后续分析。

③ 模型构建。

机器学习算法：选择随机森林（Random Forest）作为主要的预测算法。随机森林能够处理高维数据，并有效减少过拟合。

输入变量：将历史招聘数据、市场增长率、定性分析结果如专家评分等变量，作为输入变量。

④ 模型训练与验证。

将数据分为训练集和测试集，使用训练集训练模型，测试集用于评估模型的准确性。通过交叉验证（Cross-Validation）确保模型的稳健性。

⑤ 预测结果。

根据训练好的模型，对未来的职位需求进行预测，生成未来一年内不同职位的人才需求量。

⑥ 结果分析与调整。

根据预测结果，企业可制定相应的人才招聘和培训计划。同时，定期收集新的招聘数据和市场变化，动态调整模型参数以保持预测的准确性。

5.4.3 数据来源与分析工具

在进行人才需求分析时，获取可靠的数据来源和使用有效的分析工具是至关重要的。以下是一些主要的数据来源和分析工具：

1. 行业报告

行业报告是人才需求分析的重要信息来源。这些报告通常由行业协会、市场研究机构或咨询公司发布，包含市场趋势、行业动态、人才供需状况及未来预测等内容。例如，艾瑞咨询和麦肯锡等机构定期发布的行业报告，可以为企业提供详细的行业分析，帮助决策者理解当前市场需求和人才短缺的领域。这些报告通常包括数据图表和案例分析，使决策者能够更好地把握行业的脉动。

2. 企业招聘数据

企业招聘数据是另一个关键来源，通过分析招聘广告和人力资源报告，企业能够了解各个职位的需求变化。利用网络爬虫技术从招聘网站（如智联招聘、猎云网等）收集实时数据，可以获得准确的招聘趋势和市场需求信息。这种方法不仅能反映出热门职位的变化，还能分析不同地区、行业和职业的需求波动。招聘数据的分析可以通过职位要求、薪资水平和行业类别等多个维度进行深入研究。

3. 政府统计数据

国家和地方政府发布的就业和劳动市场统计数据也是分析人才需求的重要依据。政府部门如人力资源和社会保障部，定期发布关于行业就业率、职业类别、技能缺口等统计信息，这些数据为人才需求分析提供了坚实的基础。例如，统计局每年发布的《统计年鉴》就包含了详尽的行业就业数据和分析，帮助企业和政策制定者了解市场情况。

4. 数据分析工具

在数据收集后，使用合适的数据分析工具至关重要。如可利用 Python 和 R 进行数据分析和建模，而 Tableau 等可视化工具则能将复杂数据以图形方式呈现，使决策者能够更直观地理解人才需求的变化。这些工具的使用不仅提升了数据处理的效率，还增强了数据分析的准确性和可读性。例如，Python 的 Pandas 库可以高效地进行数据操作和分析，而 Tableau 则通过仪表板直观展示，让用户更容易发现数据的趋势和模式。

结合多种数据源和现代数据分析工具，可以有效提高人才需求分析的准确性和实用性，为企业和政府在人才管理与规划方面提供有力支持。这种综合方法不仅适用于当前的人才需求预测，也为未来的人才战略规划提供了重要参考。

5.5 知识图谱的构建技术

5.5.1 数据收集与预处理

1. 数据来源

知识图谱的构建依赖于多样化的数据来源，以确保信息的全面性和准确性。主要数据来源包括：

政府报告：各级政府部门发布的统计数据和行业发展报告，提供了关于人才需求、行业趋势和政策导向的权威信息。例如，国家统计局和地方政府的年鉴可为人才分析提供基础数据。

企业数据：从企业招聘网站、职业发展平台等收集的数据，能够反映行业内对各类人才的具体需求。这些数据通常包括职位空缺、岗位要求和薪资水平等信息，能够提供实时的市场反馈。

行业协会：行业协会发布的行业研究报告和市场分析也能为知识图谱的构建提供重要数据。这些报告通常基于行业专家的调研与分析，能够提供深入的行业洞察。

2. 数据清洗与标准化

数据清洗与标准化是构建知识图谱的重要环节，其目的是提高数据质量和一致性。主要步骤包括：

去除冗余数据：识别和删除重复记录，以减少数据集的冗余性。可以利用数据去重算法，如哈希匹配等方法进行处理。

数据格式标准化：将不同来源的数据转化为统一的格式，确保各类数据可以无缝结合。例如，统一时间格式、地理位置表示法等，以确保数据之间的兼容性。

缺失值处理：采用插值法、均值替代法等方法处理数据中的缺失值，确保数据的完整性和可用性，以减少对后续分析的影响。

5.5.2 知识图谱建模

知识图谱的构建依赖于有效的实体识别和关系抽取，这两个步骤是将原始文本信息转化为结构化数据的关键。

1. 实体识别

实体识别是指在文本中识别出重要的实体，如公司名、职位、技能等。这一过程通常利用自然语言处理（NLP）技术，通过算法自动化完成。常见的实体识别算法包括：

条件随机场（CRF）：CRF是一种用于标注和分割序列数据的统计模型。它可以根据上下文信息进行实体的识别，适合处理命名实体识别（NER）任务，能够有效捕捉文本中实体之间的上下文关系。例如，在分析招聘广告时，CRF能够识别出"数据分析师"作为职位名称，并将其标记为实体。

深度学习模型（如BERT）：BERT（Bidirectional Encoder Representations from Transformers）是一种基于Transformer的预训练模型，通过双向学习上下文信息，显著提高了NER任务的准确性。例如，在一份关于人工智能的研究论文中，BERT可以识别出"机器学习"和"深度学习"作为技术名词，并将其提取为关键实体。

这些技术的应用使得实体识别的准确性大幅提升，能够处理大规模文本数据，为后续的知识图谱构建打下基础。

2. 关系抽取

在成功识别出实体后，下一步是确定这些实体之间的关系。关系抽取的主要技术包括：

句法分析：通过对句子的句法结构进行分析，识别出实体之间的关系。例如，在句子"公司 A 招聘数据分析师"中，句法分析可以揭示出"公司 A"与"数据分析师"之间的招聘关系。这种关系可以进一步用来在知识图谱中连接"公司 A"和"数据分析师"这两个实体。

语义分析：语义分析则进一步挖掘句子中隐含的关系，帮助理解实体之间的深层次联系。例如，在句子"公司 B 的首席技术官表示对人工智能的投资将增加"中，语义分析可以提取出"公司 B"和"人工智能"之间的投资关系。

结合这些技术，关系抽取能够高效地构建起实体之间的联系，为知识图谱的完整性和准确性提供保障。这不仅为企业人才管理与规划提供了数据支持，还为后续的数据分析和决策提供了基础。

实体识别与关系抽取是知识图谱构建中不可或缺的环节。通过运用 CRF、BERT 等技术，结合句法和语义分析，这些过程变得更加自动化和精准，为行业人才需求分析提供了丰富的基础数据和支持。随着 NLP 技术的不断发展，这些方法将不断完善，使得知识图谱在各行业中的应用更加广泛和有效。

5.5.3 知识表示与存储

知识表示与存储是将识别出的实体及其关系系统化并存储为知识图谱的关键环节。这一过程确保了信息的结构化存储和高效查询，以下是主要的知识表示与存储方式：

1. RDF（资源描述框架）

RDF 是一种用于描述资源及其关系的标准模型，其主要特征是以三元组的形式来表示数据。三元组的组成部分包括：

主体（Subject）：表示要描述的资源，例如某个公司或一个职位。

谓词（Predicate）：描述主体与客体之间的关系，例如"招聘"或"属于"。

客体（Object）：表示与主体相关的其他资源，例如职位名称或技能。

通过这种方式，RDF允许用户灵活地定义和查询数据，使得知识图谱的扩展性和互操作性得以提升。例如，一个RDF三元组可以是：

（公司A，招聘，数据分析师）

（数据分析师，需要技能，Python）

RDF还支持多种序列化格式，如Turtle、JSON-LD等，使得知识的表达更加灵活，便于在不同的系统中进行数据交换和共享。

2. 图数据库

在存储知识图谱时，选择适合的图数据库是至关重要的。图数据库，如Neo4j和JanusGraph，专为存储和处理关系数据而设计，具有以下优点：

高效的关系查询：图数据库优化了关系数据的存储结构，可以快速检索到实体间的复杂关系，支持高效的遍历操作。这在处理大规模知识图谱时尤为重要，因为传统的关系型数据库在面对复杂查询时可能效率较低。

灵活的数据建模：图数据库允许开发人员以图形的方式建模数据，方便表示实体及其之间的多对多关系。对于知识图谱而言，这种灵活性使得新增实体或关系时不需进行复杂的数据迁移。

支持图形分析：图数据库通常集成了图形算法（如最短路径、社区检测等），可以直接在数据库层面进行复杂的分析，助力业务决策和洞察发现。

例如，使用Neo4j构建的知识图谱可以通过Cypher查询语言轻松执行查询，获取特定公司招聘的职位及其相关的技能需求。这种查询不仅高效，而且易于理解和维护，适合不断变化和扩展的行业需求。

知识表示与存储是知识图谱构建中不可或缺的一环。RDF提供了一种灵活而标准化的方式来表示实体及其关系，而图数据库则优化了这些关系的存储和检索效率。通过结合这两者，可以有效地构建和维护复杂的知识图谱，为人才需求分析和管理提供强有力的数据支持和工具。

5.5.4 可视化技术

地理信息系统（GIS）是一种用于捕获、存储、管理和分析地理数据的技术。它将空间数据与属性数据结合，使用户能够以可视化的形式展示和分析各种地理信息。GIS 技术的核心在于其能够处理地图和地理空间信息，从而为决策提供支持。这项技术在城市规划、环境管理、交通监测、资源管理和人力资源规划等领域得到了广泛应用。GIS 能够通过多种方式将数据可视化，包括地图、图表和三维模型，使得用户可以从不同的角度理解复杂的地理关系。通过地理分析，GIS 还可以识别模式、关系和趋势，为政策制定、资源分配和项目规划提供科学依据。

GIS 技术用于产业人才地图分析主要可以通过以下方式实现：

1. 区域人才分布图

利用 GIS 技术，可以绘制出不同区域的人才分布情况。这些地图不仅能够直观地显示各个地区的人才密度，还能揭示人才的聚集和流失情况。通过分析人才分布图，决策者可以识别出人才资源丰富的区域以及人才流失严重的地区。例如，在重庆市的产业人才地图中，GIS 技术可以展示各个区县的科技人才分布，帮助当地政府制定更有效的人才引进政策，鼓励人力资源向人才匮乏的区域流动。

2. 产业布局分析

GIS 还能够与产业数据结合，分析人才在不同产业间的流动情况。这种分析能够帮助决策者了解各行业对人才的需求，识别行业间的人才流动趋势。例如，通过 GIS 技术，可以识别出某一特定产业，如人工智能、制造业等在不同区域的布局，以及与这些产业相关的人才供应情况。这样的信息可以为政府和企业在制定人才引进、培训政策时提供依据。例如，在制造业集中区，如果发现有大量相关专业人才流失，决策者可以考虑制定相应的人才培养计划或引进优惠政策，以提高该区域的吸引力。

3. 数据分析与可视化

GIS 技术不仅能够处理地理信息，还能与其他数据分析工具结合，例如结合大数据分析平台，实时更新人才流动与需求数据。通过数据的可视化，决策者能够更清晰地理解复杂的人才流动模式，从而更有效地进行人才管理和规划。

GIS技术的应用极大地增强了产业人才地图的实用性和决策支持能力。通过区域人才分布图和产业布局分析，相关部门可以更有效地识别人才需求和流动趋势，从而优化人才引进和培养政策，推动产业和经济的持续发展。

5.5.5 数据可视化工具

在知识图谱的可视化方面，选择合适的数据可视化工具对于有效展示复杂的关系和数据至关重要。以下是几种常用的工具及其特点：

1. Tableau

Tableau是一款广泛使用的数据可视化软件，以其强大的数据分析能力和用户友好的界面而闻名。它允许用户以多种图表形式展示数据，包括饼图、条形图、地图等。企业可以使用Tableau创建行业人才需求的可视化分析，以便直观展示不同职位的人才需求趋势。

其优势在于：

深度分析：Tableau可以处理大量数据，并通过多维数据分析揭示数据间的复杂关系。

交互性：用户可以通过点击和过滤器与图表互动，深入了解特定数据集。

共享与发布：支持将可视化结果在线共享，便于团队协作和展示。

2. D3.js

D3.js是一个基于JavaScript的库，专门用于创建动态和交互式数据可视化。它使开发者能够通过结合HTML、SVG和CSS，自定义图表和图形。在知识图谱的可视化中，可以使用D3.js创建实体关系图，展示不同实体间的动态互动和关系变化。

其优势在于：

高度定制化：D3.js提供灵活的功能，允许开发者根据需要构建特定的可视化效果。

互动性强：通过动画和交互，用户能够在视觉上深入理解数据的变化和趋势。

社区支持：拥有强大的社区支持，提供丰富的示例和插件。

3. Gephi

Gephi 是一款开源的图形数据可视化软件，专注于处理和分析大型网络数据。它支持多种格式的数据导入，并能够生成多种类型的可视化图形。使用 Gephi，可以创建一个产业人才地图，分析各行业和地区的人才流动网络及其相互关系。

其优势在于：

适合大型数据集：Gephi 能够处理和可视化复杂的网络数据，适合用于知识图谱中大量实体和关系的分析。

实时分析：提供实时分析功能，能够快速展示数据变化后的结果。

图形算法：包含多种图形布局和分析算法，如社区检测和路径分析。

选择合适的数据可视化工具可以显著提高知识图谱的展示效果和信息传达能力。根据具体需求和数据特点，企业和研究机构可以灵活运用这些工具，优化其人才管理与规划策略。

5.6 产业人才地图的定义与特征

5.6.1 产业人才地图含义

产业人才地图是利用地理信息系统（GIS）和大数据分析技术，直观展示特定产业人才分布、流动情况和结构特征的可视化工具。它整合了来自政府、行业协会、企业以及高校等多方面的数据，帮助决策者和研究者理解人才在地域空间的配置和动态变化，从而为人才管理和政策制定提供科学依据。

5.6.2 产业人才地图特征

1. 空间性

产业人才地图通过地理坐标，将人才分布与地理区域紧密结合，使用户能够快速识别人才在不同地区的聚集与流动趋势。这种空间性的展示方式帮助城市规划者、企业及教育机构识别出人才的高密度区域和缺乏区域，从而有针对性地制定引才和培育政策。

2. 动态性

与传统的人才统计数据不同，产业人才地图可以实时更新，反映人才流动的动态过程。这种动态性使得政策制定者能够及时捕捉到行业发展的变化，并适时调整人才引进与培养策略。

3. 多维度

产业人才地图不仅展示人才的数量和分布，还能提供关于人才的多维度信息，如学历、技能、经验等。这使得决策者能够从多方面评估人才结构的合理性和适应性，进而优化人才战略。

4. 实用性

通过将复杂的数据可视化，产业人才地图为政府、企业和研究机构提供了直观的数据支持。它可以帮助政府在政策制定时更好地考虑区域经济发展需求，企业在招聘时更加精准地匹配人才资源，从而提高决策效率。

5. 决策支持

产业人才地图为各级决策者提供了科学的依据。通过可视化展示，决策者可以迅速理解人才流动的总体趋势和特征，便于在资源分配和政策制定时做出合理的决策。

5.7 产业人才地图的构建步骤

构建产业人才地图的过程分为几个关键步骤，每个步骤都需仔细实施，以确保地图的准确性和实用性。以下图 5.2 是详细的构建步骤：

第 5 章
基于知识图谱构建产业人才地图的技术与方法

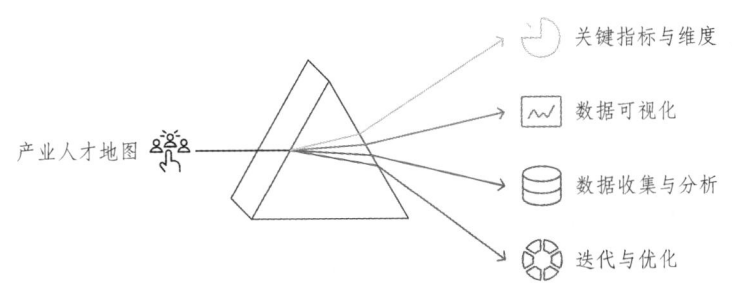

图 5.2　产业人才地图构建要素

5.7.1　确定关键指标与维度

在构建产业人才地图之前，明确关键指标与维度是至关重要的。具体可以考虑以下几个方面：

1. 人才数量

特定行业或区域内的专业人才总量。例如，重庆市的软件开发人才数量。

2. 人才类型

包括学历、专业技能、工作经验等，可以进一步细分为高层次人才、中层人才和初级人才。

3. 人才流动性

分析人才在不同地区或行业之间的流动情况，可以使用人才流入流出率来衡量。

4. 行业发展状况

了解行业的市场需求、增长率、未来发展趋势等，有助于评估人才的未来需求。

如在分析重庆市高新技术产业人才地图时，可以参考"重庆市人力资源和社会保障局"发布的"2023 年软件产业人才需求报告"，其中包含该领域人才需求的详细数据。

5.7.2 产业人才分布与流动的可视化

数据可视化是产业人才地图构建的重要环节。通过 GIS（地理信息系统）技术，可以将数据以图形化的方式展现，便于分析和决策。

1. 数据集成

整合来自不同来源的数据，例如政府部门的统计数据、行业协会的调查数据和企业的人才招聘信息。确保数据的准确性和时效性。

2. 可视化设计

选择适合的图表类型展示人才数据。常见的可视化形式包括热力图、散点图和柱状图等。热力图可以显示人才在不同区域的分布密度，而散点图则可以展示特定职业在不同地区的需求情况。

如可以利用 GIS 技术，生成重庆市各区人才密度的热力图，通过颜色深浅反映各区人才的聚集程度。例如，某区的技术研发人才密集，可以用较深的颜色表示，反之则用较浅的颜色。

5.7.3 数据收集与分析工具

构建产业人才地图需要依赖有效的数据收集和分析工具，主要包括以下几个方面：

1. 数据来源

政府统计数据（如国家统计局）、行业协会发布的报告、企业的招聘数据（如智联招聘、猎云网）等。

2. 数据分析工具

使用 Python、R 等编程语言进行数据分析，或使用专门的 GIS 软件（如 ArcGIS、QGIS）进行空间数据可视化和分析。

例如在重庆市的产业人才地图构建中，可以通过"重庆市统计局"获取各行业的用人需求数据，然后利用 R 语言中的"ggplot2"包进行可视化分析，以展示不同区县的人才分布情况。

5.7.4 迭代与优化

构建人才地图是一个持续优化的过程。定期收集新数据，并根据反馈调整地图内容，以确保其反映最新的人才需求状况。

1. 定期更新

定期更新数据，例如每年或每季度，确保人才地图能实时反映市场变化。

2. 反馈机制

建立反馈机制，收集相关企业、行业协会和政府部门的意见，及时调整人才地图的内容和可视化效果。

如果重庆市在"X年科技创新大会"上公布了新的高新技术企业数量和人才需求变化，则应及时更新人才地图中的数据，以确保其有效性和准确性。

通过以上步骤，可以构建出一个科学、实用的产业人才地图。这不仅有助于决策者深入理解人才分布与流动的现状，还为优化人才管理和政策制定提供了有力支持，有助于提升区域经济发展。

5.8 产业人才地图的应用效果评估

5.8.1 产业人才地图应用效果评估

应用效果评估是产业人才地图构建和应用过程中至关重要的环节，它可以帮助决策者了解地图在实际运用中的有效性和影响力，并为后续的优化提供依据。在评估应用效果时，如果产业人才地图能够显著提高企业的人才招聘成功率和人才留存率，可以说明地图在人才管理中的应用效果显著，反之则需进行优化。可以从以下几个维度进行深入分析：

1. 人才供需匹配度

评估产业人才地图在预测和展示人才需求方面的准确性。例如，通过对比地图显示的人才需求与实际招聘需求之间的差异，分析其匹配度。

2. 决策支持效果

评估产业人才地图在支持政策制定、行业发展战略规划等方面的作用。可以通过分析政策出台后的行业反应和经济指标变化来判断地图的决策支持效果。

3. 反馈与改进

建立反馈机制，收集用户对人才地图的使用体验，了解其存在的问题和改进建议。这可以通过定期的调查问卷或访谈进行。

通过实证研究方法如问卷调查、深度访谈等方法，收集相关数据，了解不同利益相关者对产业人才地图的反馈。例如，分析企业人力资源部门对人才地图的使用满意度，以及它在招聘效率、人才匹配等方面的作用。例如在深圳市，相关研究显示，利用产业人才地图后，企业招聘效率提高了 20%，人才流动率降低了 15%。这种实证数据可以为其他地区的产业人才地图应用提供借鉴。

5.8.2 产业人才地图成功案例

通过成功案例分析和应用效果评估，可以全面了解产业人才地图在实际运用中的价值。这不仅有助于优化现有的产业人才地图，还可以为未来的政策调整和人才管理提供科学依据。此外，定期的评估与反馈机制能够确保人才地图始终反映市场需求的变化，从而提升其长期有效性和应用价值。以下是国内一些应用人才地图的成功案例。

1. 深圳市人才地图

深圳市在推动高科技产业发展的过程中，建设了人才地图。该地图综合展示了深圳不同区域的人才分布和流动情况，通过数据可视化帮助政府和企业识别人才短缺的领域，并相应调整引才政策。这一做法促进了人才的高效配置，使企业能更精准地进行招聘和人力资源管理。相关研究指出，这种地图的成功应用显著提高了招聘的效率和企业的竞争力。

2. 北京人才发展地图

北京市利用人才地图对不同地区、高校和企业的人才结构与需求进行分析。通过对人才流动性和职业发展趋势的可视化展示，政府能够更加精准地制定人才引进和培养政策，从而促进区域经济的协调发展。这种应用使得企业在进行战略规划时能够得到更为清晰的方向。

3. 上海市产业人才地图

上海市建立的产业人才地图整合了高校、科研机构及企业的人才需求数据，清晰地展示了各个产业的人才分布和流动状况。此地图帮助政府在制定和调整人才政策时更加具备针对性，从而提升了整体产业的竞争力。此外，通过人才地图，企业也能够更加有效地进行人才的布局和规划。

4. 广州市智能制造人才地图

广州市为了支持智能制造产业的发展，构建了专门的人才地图，展示了智能制造行业的人才需求及其分布情况。这一地图的应用不仅有助于企业在引才和培训方面的决策，也为政府的产业政策提供了数据支持，促进了政策的科学性与有效性。数据显示，该地图在推动智能制造相关人才的培养和引进上发挥了重要作用。

5. 杭州高端人才地图

杭州市利用人才地图分析高端人才的流动趋势和需求变化，以支持信息经济和数字经济的发展。通过对相关数据的可视化分析，政府能够制定针对性的引才政策，吸引更多高素质的人才来杭发展。这种人才地图的构建使得城市在全球人才竞争中占据了更有利的位置。

6. 重庆的产业人才地图

重庆市近年来发布了多项产业规划和布局图，其中包括产业人才地图，以推动区域内各产业的协调发展和人才引进。这些地图主要集中在先进制造业的集群建设上，重点明确了各区县的主导和特色产业布局，并通过与人才需求和区域经济发展的结合，帮助优化人才的合理分配和引进策略。例如，重庆市的"33618"现代制造业集群体系将区县划分为不同的产业发展重点，通过该体系可以帮助企业和政府在人才引进与培养上更加精准，重庆市围绕8大重点产业33条产业链，将市内外高层次人才按照所在企业、研究领域以及专业等信息，对应到具体产业链中，编制形成高层次人才图谱手册，推进人才地图建设，建设"重庆人才现状数据库"、建立"重庆人才需求数据库"、打造"全球人才供给数据库"、汇聚"人才政策库",形成"统一的大数据中心"。

  这些案例表明,人才地图的应用在政府决策、企业战略和产业发展中都发挥了重要作用,能够有效促进人才的合理配置和优化管理。通过数据可视化技术,各城市可以更清晰地了解人才市场的动态变化,从而更有效地制定相应的政策和战略。

第 6 章 重庆市人才发展战略实施路径

6.1 政策设计与优化

6.1.1 科技创新与人才政策的协调发展

随着全球科技创新的迅猛发展，人才资源逐渐成为推动经济转型升级和区域竞争力提升的核心因素。重庆市在制定人才发展战略时，必须紧密结合科技创新的需求，以确保人才政策与科技创新政策的协调发展。具体来说，可以从以下几个方面推进政策的协调。

构建一个完善的政策协同机制，将科技创新政策与人才引进、培养、激励等政策进行有机结合。在政策制定时，要确保科技创新的最新需求能及时反映在人才政策中，使人才政策能够有效支持创新型人才的引进与发展。

在推动科技创新与人才政策的协调发展过程中，政策协同机制的建立至关重要。它不仅能避免各类政策在实施中的碎片化，还能有效提升政策的整体效能。

1. 跨部门合作机制

跨部门合作是政策协同机制的关键。科技创新与人才政策往往涉及科技、教育、人力资源和社会保障等多个部门，因此跨部门合作有助于打破行政壁垒，形成政策合力。例如上海市在人才政策的制定与实施中，建立了一个由市级多个部门组成的"人才工作协调小组"，由市委组织部牵头，科技、教育、人社、外事等部门协同合作，确保科技创新与人才政策的有效对接。例如，张江高科技园区就通过此小组制定了集成创新资源、人才引进和国际合作的综合政策。重庆市可建立类似的跨部门协调小组,通过科技局牵头,联合人社局、教育局、财政局等相关部门,确保人才政策的制定与科技创新政策紧密衔接。在具体实施过程中,各部门间应保持高效沟通,定期举行联席会议,协调政策方向和资源分配。

2. 科技与人才规划的统筹管理

在制定人才发展战略时,必须将人才规划与科技创新的长期目标统筹管理,确保人才发展目标能够支撑科技创新的实施。这意味着要在政策层面实现科技规划与人才规划的协同。例如深圳市在其《深圳经济特区人才工作条例》中明确提出,要将人才工作纳入全市的科技创新发展总体规划,实施"人才强市"与"创新驱动"双引擎战略。同时,深圳制定了"十四五"科技创新规划和人才发展规划,确保科技创新和人才发展目标的统一和协调。重庆市可以在未来的科技规划中,把人才作为支撑科技发展的关键要素,将人才政策与科技创新发展同规划、同部署、同考核。比如,在制定重庆市未来五年的科技发展规划时,需明确各重点领域的科技人才需求,并制定相应的人才支持计划,确保科技创新目标能够通过人才政策得以实现。

3. 资金与资源的协同配置

科技创新与人才引进和培养需要大量的资金和资源支持,因此资源配置上的协同显得尤为重要。合理分配和使用科技创新资金、人才引进资金及其他公共资源,将大大提高政策的实施效果。例如杭州市通过"人才项目资金+创新平台支持"的双向模式实现资源协同。杭州设立了高层次人才引进专项资金,确保创新平台和重点科技项目优先获得资金和资源支持,并推出"人才创新创业平台建设计划",通过创新资源的整合提升科技人才的发展空间。重庆市可以设立专项资金,支持高层次科技人才的引进与培养,并将科技创新项目的资金与人才政策挂钩。比如,在分配科研项目经费时,可以优先支持那些有利于培养和吸引科技创新人才的项目,确保资金和人才在重点科技领域实现协同效应。此外,创新平台建设时应为人才提供充足的办公、实验等设施,保证创新人才能够充分利用这些资源。

4. 政策信息共享平台的建设

政策信息共享是实现科技创新与人才政策协同的重要一环。通过建立一个信息共享平台，可以确保各部门能够及时获取政策实施进展、人才需求信息等，避免信息孤岛现象。例如成都市建立了"人才大数据平台"，汇聚全市人才资源及需求信息，形成了政府部门与科研院所、企业之间的信息共享机制。该平台帮助政府实时了解人才需求和政策效果，同时让企业和科研单位能够迅速找到合适的人才，形成双向联动的资源配置机制。重庆市可以建立类似的"人才政策协同信息平台"，整合全市科技创新平台、重点产业人才需求、创新政策等信息，让科技、教育、产业等部门及企业能够随时获取政策的最新信息。通过这一平台，重庆可以更好地匹配人才资源与科技创新需求，提高政策实施的效率。

通过这些举措，重庆市可以建立起一个高效的政策协同机制，在跨部门合作、规划统筹、资源配置和信息共享等方面取得突破，从而更好地促进科技创新与人才政策的协同发展。

6.1.2 重点领域的人才扶持

在人工智能、新能源、信息技术等战略性新兴产业领域，科技创新的速度极快，人才需求也日益旺盛。重庆市可在这些重点科技领域制定专门的人才扶持政策，确保高水平创新型人才可以在科技创新前沿领域得到足够支持，从而推动这些领域的技术突破和产业发展。

针对重庆市科技创新的需求，人才政策在重点领域的扶持显得尤为重要。通过有针对性的人才政策支持，重庆市可以吸引并留住高端人才，推动关键技术领域的发展。

1. 高层次人才引进计划

为确保重点科技领域的持续创新和突破，重庆市可重点引进国际化、高水平的科技人才，尤其是具有核心技术、关键科研能力的高端人才。通过设立专门的引才计划，在资金、住房、科研环境等方面提供全方位支持。例如浙江省杭州市的"全球引才计划"通过提供高额科研经费和创业扶持资金，吸引了一大批海外顶尖科技人才回国创新创业。重庆市可以参考国家级和地方优秀人才引进政策。为高层次科技人才提供科研启动资金、高额年薪、购房补贴、医疗保障、子女教育等福利。引进对象应包括顶尖科研人员、学科带头人、技术创新企业家等。

2. 重点学科和技术领域的专项人才培养

在人工智能、大数据、生物医药、集成电路等重庆市重点发展的高新技术领域，科技创新离不开持续的人才培养。因此，应设立专项人才培养计划，依托高等院校、科研院所及重点企业，对这些领域的人才进行定向培养和提升。例如北京市在推动集成电路领域的自主创新时，通过设立专项培养基金，与清华大学等国内顶尖高校合作，联合培养高端技术人才，并通过创新平台和企业实践加速人才成长。重庆市可以设立"科技领军人才培养专项"，与国内外顶尖高校合作，共同开展高层次人才培养计划。在本地高校设置相关重点学科的硕士、博士学位项目，或与企业联合培养人才，并设立联合实验室或创新基地，加速科研成果的产业化。

3. 高水平创新团队的组建与支持

为了确保重点领域的技术攻关和突破，重庆市需要支持创新团队的建设。创新团队的优势在于通过协作和多学科融合，解决科技创新中的复杂问题。组建并支持高水平的创新团队，不仅能提高整体科研水平，还能增强重庆市在全国乃至国际上的科技竞争力。例如深圳市的"团队引才计划"通过引进全球顶尖创新团队，在生物医药、信息技术等领域取得了显著成效。每个团队可获得最高1亿元的科研资金支持，带动了科研成果的高效转化。重庆可支持高校、科研院所和企业建立高水平创新团队。对团队中的核心成员、科研骨干给予专项补贴和科研资源倾斜，确保他们能够在重庆市长期发展。政府应为团队提供完善的创新环境，包括实验室建设、科研设备支持等，并定期进行评估。

4. 产学研结合的科技人才培养模式

通过"产学研结合"的模式，将企业、科研院所和高校紧密结合起来，培养一批能够推动科技成果转化的应用型人才。这不仅能提高人才的实际操作和创新能力，还能缩短科研成果进入市场的时间，形成科研与市场需求之间的高效对接。例如江苏省苏州市依托其"产学研协同创新计划"，成功引导企业、高校和科研院所的深度合作，推动了大批应用型科技人才的成长，特别是在生物医药和智能制造领域，取得了显著成果。重庆市可以设立"产学研联合培养计划"，选择重点领域的龙头企业与高校科研机构合作，建立联合培养基地。通过企业提供实践机会，高校提供理论支持，推动人才在实际项目中成长。政府应对参与产学研合作的企业给予政策和资金上的支持，如税收减免、研发补贴等。

6.1.3　创新与人才政策的互动

在科技创新中，人才是创新的核心驱动力，而创新环境又反过来吸引和培养更多优秀人才。因此，重庆市应注重建立创新与人才政策之间的良性互动，确保创新政策激发出的人才需求能够通过高效的人才政策得到满足，进而形成一个科技创新与人才发展相互促进的循环。科技创新与人才发展相辅相成，形成了一个相互促进的良性循环。在重庆市推动科技创新的过程中，创新政策激发出的人才需求必须通过高效的人才政策加以满足，这样才能确保科技创新的可持续性和竞争力。

1. 创新平台与人才引进的有机结合

科技创新平台不仅是科研成果转化的重要载体，也是吸引高端人才的重要手段。通过建立或完善科技创新平台，重庆市可以为人才提供施展才能的舞台，吸引国内外优秀人才汇聚重庆，推动创新能力提升。例如北京中关村科技园区通过打造世界级科技创新平台，吸引了大批海内外高端人才，并通过平台提供的资源和服务，促进了多个领域的科技创新和创业发展。重庆市可加快建设高新区、孵化器、科技产业园区等创新平台，同时引入具有国际竞争力的科研项目，吸引顶尖科研人才、创新型企业家和技术专家落户。在这些平台上，政府可以为人才提供创新创业支持，包括专项资金、政策激励、技术服务等，吸引高层次科技人才积极参与创新项目。

2. 人才政策服务创新需求的灵活性与精准性

科技创新发展所需的人才类型复杂多样，不同领域和阶段的创新项目对人才的需求也各不相同。因此，重庆市的人才政策必须具备灵活性和精准性，能够快速响应创新需求，调整政策内容和引才策略。例如深圳市通过"孔雀计划"专门针对战略性新兴产业制定了专项引才政策，依托灵活、定向的政策安排，实现了创新产业和高端人才的快速匹配，确保科技创新项目的顺利推进。重庆市可建立"创新需求驱动的人才服务机制"，根据不同行业、不同创新项目的实际需求，精准制定和调整人才引进、培养、激励政策。比如在人工智能、生物医药、新能源等战略性新兴产业中，可以设立专门的人才引进渠道，确保在创新高峰期及时吸纳和培养所需的科研人员与创新人才。

3. 创新人才激励机制的多元化

吸引和留住创新人才不仅需要政策扶持，还需要通过合理的激励机制提升人才的归属感和创新动力。在政策设计上，重庆市可以通过多元化的激励方式，从物质激励到精神激励，推动创新人才的持续贡献。例如上海市浦东新区通过设立"浦东人才发展专项基金"，为创新人才提供创新创业激励、专项奖励、居住和医疗等一系列综合保障措施，形成了多元化的人才激励机制，提升了人才的工作积极性和创新活力。重庆市可以实施"多层次人才激励体系"，包括优厚的薪酬待遇、科研成果奖励、长期发展机会等。在此基础上，还可以通过设立荣誉制度如科技创新人才奖、杰出贡献奖等，提升人才的职业荣誉感和成就感。此外，人才配套服务也需同步跟进，为创新人才解决后顾之忧。

4. 创新成果转化与人才成长的联动机制

创新成果的转化能力是衡量一个区域科技创新水平的重要指标，而创新人才的发展和成长在成果转化过程中起到了决定性作用。因此，重庆市需要建立创新成果转化与人才成长相互联动的机制，确保人才不仅能够推动科技创新，还能够在创新成果的市场化中进一步提升自身能力。例如江苏省苏州市通过其"产学研协同创新中心"模式，成功将创新成果转化平台与人才培养体系结合，人才不仅在科研中得到成长，还通过成果转化实践中提升了市场应用能力，实现了科研成果与创新人才的共同发展。重庆可以推动"科技成果转化与人才培养一体化"的模式，通过科技成果转化平台、创业孵化基地等载体，为创新人才提供产业化、市场化的实践机会。同时，支持高端人才领衔科研成果的产业化项目，让创新人才在成果转化的过程中获得商业实践经验及成功。

通过以上四个方面，重庆市可以有效建立创新与人才政策之间的良性互动。创新政策激发的人才需求可以通过有针对性的人才政策得以满足，创新人才则通过政策支持在创新环境中发挥更大潜力，推动科技成果的持续产出。

6.1.4　跨部门协调与政策整合

重庆市在制定科技创新与人才政策时,需要各相关部门(如科技、教育、人社等)之间的紧密协调。通过跨部门合作与政策整合,可以形成合力,共同推动重庆市的科技创新能力与人才综合实力的提升。在科技创新和人才政策的制定与实施过程中,重庆市各相关部门紧密协调至关重要。通过跨部门合作与政策整合,可以形成政策合力,提高政策的执行效果,从而推动科技创新与人才发展的良性循环。

1. 建立跨部门协调机制

跨部门协调机制是实现科技创新与人才政策整合的基础。重庆市需要设立一个由多个部门参与的协调小组或委员会,确保各部门之间的沟通顺畅,目标一致,从而提升政策的协同性与执行力。例如北京市海淀区设立了"中关村人才工作协调小组",由多个部门组成,确保科技创新与人才政策的协调统一,从而推动中关村的科技创新产业与高端人才集聚效应。重庆市可以建立"科技创新与人才发展协调办公室",由市委市政府主导,科技局、教育局、人力资源与社会保障局等多个部门联合参与。该办公室的主要职能包括制定科技创新与人才政策的协调计划、定期召开部门联席会议、评估政策的执行效果以及调整相关政策,确保各部门的工作能形成合力。

2. 科技与教育政策的有机融合

科技创新的可持续发展离不开教育政策的支持。重庆市需要通过科技和教育部门的协作,在高等教育、职业教育、继续教育等各个层次上推动人才的培养。特别是在科技创新领域,要让教育政策同步适应市场对人才的需求,打造学术教育与科技创新实践融合的人才培养体系。例如深圳市通过科技与教育部门的合作,推出了"科教融合工程",在高校开设了创新创业课程,并通过与科技企业合作,为学生提供创新项目的实训机会,推动教育与科技的融合发展。重庆市可以通过"科教融合培养计划",在高等院校和职业院校中设立重点科技创新专业或课程,并推动产学研合作,促进学生在创新实践中的成长。同时,科技和教育部门可以通过定期信息共享,确保人才培养与科技发展需求紧密结合。例如,教育部门在学科设置和课程设计时,应依据科技局提供的市场前景预测和技术发展需求数据,调整教育内容。

3. 人才激励政策与财政支持的协同

科技创新和人才政策的落地实施需要强有力的财政支持。重庆市各部门应加强人才激励政策与财政支持政策的协同，确保政策出台后能够有效落地，并为创新人才提供经济基础支持和保障。财政资金的精准投入，可以大幅提升政策的执行力和吸引力。例如杭州市通过人才政策与财政资金的高度协同，为高端科技人才提供创业资金、住房补贴和科研经费支持，并确保资金投入能够切实促进人才和创新发展。重庆市科技部门、人社部门和财政部门可建立联动机制，确保财政资金向重点科技创新项目和人才引进计划倾斜。重庆市可以设立"人才引进专项资金"和"创新项目资金支持计划"，明确资金的分配方式、使用范围及监督机制。例如，财政部门可以依据科技部门和人社部门的需求，在科技创新成果转化、高层次人才引进、科研平台建设等方面进行精准投资。

通过以上跨部门协调与政策整合，重庆市能够更好地发挥各部门的职能优势，实现政策的协同效应，推动科技创新和人才发展的全面提升。在跨部门合作的基础上，各类创新与人才政策可以更加高效和精准地服务于重庆市的科技创新战略目标。

6.2 人才政策评估与优化

6.2.1 建立动态评估体系

为了确保重庆市的人才政策能够适应全球科技创新环境的快速变化，定期对人才政策进行评估和优化显得尤为关键。重庆市可建立一套动态的人才政策评估体系，定期对人才政策的实施效果进行跟踪与评估。该评估体系应包括定量指标（如人才引进数量、留存率、创新成果产出等）和定性指标（如人才满意度、政策覆盖度等），并综合分析政策的实际效果。通过建立健全的评估体系，可以精准地发现政策执行中的问题，并及时进行调整和改进。

1. 引入多维度的量化评估指标

为了全面评估人才政策的实际效果，重庆市需要引入多维度的量化评估指标，涵盖人才引进、留存、创新产出等关键方面。量化指标能够为评估提供数据支撑，确保政策评估的客观性和可操作性。例如上海市通过设立"人才贡献评估体系"，定期评估高端人才在科研、技术转化等方面的实际贡献，并以此为依据优化政策配套措施，提升政策的执行效果。重庆市可以设立"人才引进数量、留存率、创新成果产出、项目成功率"等量化指标。例如，通过跟踪每年引进高层次科技人才的数量和留存率，评估政策吸引力与效果；通过监测引进人才的科研成果（如专利申请、论文发表、项目成果转化等），衡量人才政策对创新成果产出的促进作用。这些指标需要基于实际数据，并定期进行更新和分析，确保政策方向与创新需求相符。

2. 综合定性评估与定量评估相结合

重庆市的人才政策评估不应局限于量化数据，还应结合定性评估，全面了解人才的真实需求与政策感受。定性评估可以通过对人才、企业、科研机构等利益相关方的访谈和问卷调查，收集主观反馈，从而更好地优化政策设计和执行。例如北京市中关村通过定期举行创新人才座谈会，听取人才和企业对政策的意见和建议，结合实际反馈调整人才政策，提高政策的适用性和执行效果。重庆可以通过"人才满意度调查、企业反馈访谈、政策覆盖面分析"等定性评估手段，收集各方对人才政策的反馈，了解政策执行过程中的优劣。例如，可以开展人才政策满意度问卷，深入了解人才在政策执行过程中遇到的困难和感受到的政策支持；与企业、高校和科研院所进行访谈，了解他们对人才政策的建议和评价。这些定性信息有助于发现量化指标难以反映的问题，从而优化政策。

3. 引入外部专家和第三方评估机制

为了确保评估结果的客观性和权威性，重庆市可以引入外部专家和第三方评估机构参与人才政策的评估工作。外部评估可以避免部间的利益冲突，提供更加中立和多元的政策建议，促进人才政策的优化与改进。例如浙江省杭州市通过聘请第三方评估机构对"全球引才计划"进行评估，结合专家意见，及时调整政策执行方案，确保政策的公平性和精准性。重庆市可以聘请"外部专家委员会"对人才政策进行独立评估，并引入第三方评估机构，对政策的执行效果进行客观、权威的评估。评估内容包括政策的合理性、创新人才的实际受益程度、政策执行的效率和公平性等。外部评估报告可以为政府提供专业意见，并提出具体的优化建议，推动人才政策的持续改进。

通过引入量化与定性评估、长期跟踪与动态调整、外部专家评估等措施，重庆市可以建立起更加科学、全面的政策评估体系，确保人才政策的持续优化和对科技创新的有效支持。

6.2.2 建立人才需求调研与反馈机制

在政策评估过程中，重庆市应通过企业、科研机构和高校等主体进行广泛的调研，建立有效的人才需求调研与反馈机制，了解实际人才需求和政策执行中的难点。通过人才反馈机制，了解一线人才对政策的满意度，并结合反馈数据对政策进行优化。

1. 建立跨部门的人才需求调研机制

重庆市可建立一个跨部门协调的调研机制，科技局、教育局、人社局等相关部门应协同合作，定期开展针对不同领域和行业的人才需求调研。调研范围应涵盖科技型企业、高校、科研院所等各类主体，全面了解各个行业的技术进步与人才需求变化。例如上海市浦东新区通过设立"高端人才需求动态调研小组"，针对高科技企业和科研院所定期开展人才需求调查，明确不同阶段的引才需求，及时优化人才引进政策。重庆市通过定期组织"人才需求调研工作组"，对全市各类行业主体进行调研，了解不同产业、技术领域的人才需求。调研工作组可以与重点企业、创新平台、科研机构合作，采集人才缺口、所需技能、人才储备等信息，并根据不同领域的科技发展趋势进行预测，从而调整人才政策的方向。

2. 推动企业、高校、科研机构建立反馈机制

为了确保人才政策的精准性，重庆市可以建立常态化的企业、高校和科研机构的反馈机制，及时获取这些单位对人才政策实施效果的反馈信息。通过设立反馈通道，让政策制定者更好地了解政策执行中的具体问题。例如深圳市通过创建"创新企业人才反馈机制"，为本地科技企业提供政策实施中的反馈渠道，并根据企业的反馈，调整人才引进计划、创新创业激励等相关政策，提升政策适应性。重庆市可以通过建立"政策反馈平台"，让企业、高校

和科研机构直接反馈他们在人才引进、人才培养和政策配套使用中的实际体验。例如，设立专门的"人才政策热线"和"在线反馈系统"，收集各主体的意见和建议。反馈机制定期汇总并及时分析问题，提交相关部门进行政策调整和优化。

3. 定期开展人才满意度调查

重庆市应定期开展针对一线人才的满意度调查，了解他们对政策支持、工作环境、激励措施等方面的感受。人才满意度的提升能够间接反映政策的执行效果，通过了解人才在实际工作中的需求和困难，可以有针对性地优化政策设计。例如北京市海淀区每年通过"高端人才满意度问卷"了解人才对政策的评价，并根据满意度调查结果制定改进方案，如优化住房补贴、调整人才激励机制等。市政府可以委托第三方调研机构或通过"在线人才满意度调查问卷"，定期面向创新人才、高校教师、科研人员等群体，收集对人才政策、工作环境、发展前景等方面的满意度数据。通过分析调查结果，发现人才流失原因、政策覆盖盲区及改进空间，进一步完善政策支持体系，增强人才留住率和引进效果。

4. 建立政策反馈与调整的闭环管理机制

为了确保人才政策能够及时根据需求变化进行调整，重庆市可建立政策反馈与调整的闭环管理机制。该机制将确保通过调研与反馈收集到的问题能够迅速进入政策调整流程，保证反馈数据真正发挥作用。例如苏州市通过"人才政策闭环反馈机制"确保政策调整根据反馈实时进行，优化政策对接市场需求的速度，提高政策响应能力。重庆市可建立"人才政策反馈与优化闭环"，明确反馈机制中不同部门的职责划分。例如，科技部门负责收集企业、科研单位的需求数据，教育部门负责高校和科研人员的反馈；人社部门则统筹各部门反馈，进行政策优化提案。每年定期召开"人才政策反馈与优化会议"，根据反馈内容对人才引进、发展政策进行调整，实现从需求调研、政策反馈到改进的闭环。

通过建立跨部门调研、反馈平台、人才满意度调查和闭环管理机制，重庆市将能够更好地理解实际人才需求和政策执行中的难点，确保人才政策在动态变化的创新环境中始终具有针对性和适应性。

6.2.3 国际经验借鉴与本地化优化

重庆市在优化人才政策时，应借鉴国际先进经验，并结合自身特点进行本地化改造。通过灵活吸收发达国家在科技创新和人才政策中的成功做法，可以进一步提升重庆市的科技创新能力和人才吸引力。

1. 借鉴国际灵活的人才培养机制

国际上许多发达国家在人才培养方面采用了灵活的机制，以适应快速变化的科技环境。主要体现在以下方面：一是教育体系多元化，通过多层次、多类型的教育模式满足不同群体的需求，如职业教育、高等教育和终身学习并行发展；二是课程设计与产业需求紧密结合，教育机构根据市场变化和技术进步动态调整课程内容，培养适应产业发展的复合型人才；三是政策支持终身学习，通过灵活的学习路径和学分互认制度，鼓励个体在职业生涯中不断提升技能。重庆市可以借鉴这些灵活的培养机制，提高本地人才的适应性和竞争力。将企业实践、职业技能培训与学校教育相结合，培养兼具理论和实践能力的创新人才。同时重庆市可以引入跨学科的灵活课程体系，尤其在高校和职业教育中，设立跨领域、跨学科的课程设计，帮助科技人才获得更多跨界的知识和技能。此外，重庆市可以推出人才职业发展规划项目，鼓励科技人才不断接受新技能的培训，提升自身能力。

2. 学习发达国家的产学研结合经验

发达国家在推动科技创新方面注重产学研合作，其紧密的产学研结合体系为科技创新和人才培养提供了强大的支持。发达国家的产学研合作具有以下突出特点：一是深度融合，企业、高校和科研机构在技术创新链中分工明确、协同推进，通过共建实验室、技术转移中心等形式实现资源整合；二是政策支持完善，政府通过法律法规、资金支持和税收优惠等措施激励合作；三是市场导向强，产学研合作紧密围绕市场需求和产业升级，注重研究成果的实际应用与商业化；四是国际化水平高，广泛参与全球创新网络，加强跨国技术合作；五是知识产权管理规范，通过明确的产权分配机制保障合作各方权益，激发创新活力。重庆市可以借鉴发达国家经验，推动本地科研机构、高校与企业之间的深度合作，建立更具实效性的创新人才培育机制。例如重庆市可以在汽车制造、新能源、智能制造等领域，通过设立"产学研协同创新平台",促进高校、科研机构和企业的深度合作,推动科技成果的转化和应用。重庆市可以进一步强化科研单位与企业的联动,确保科研项目能够直接应用于企业的技术升级和产品研发,形成良性循环的人才培育与产业需求互动。同时,设立产学研合作专项基金,鼓励企业与高校共同培养具备创新能力的科研人才。

3. 学习欧美国家的国际化人才引进与管理机制

欧美国家在引进国际化高层次人才方面拥有成熟的管理机制。通过为海外人才提供工作签证便利、项目资金支持和生活服务保障,这些国家有效吸引了大量的国际顶尖人才。重庆市可以借鉴这些经验,进一步优化国际人才引进和管理体系,提升重庆市在全球人才竞争中的吸引力。重庆市可以实施更加开放的"海外高层次人才引进计划",为国际人才提供便利的签证、居住和生活条件,特别是加快审批流程并减少繁琐的行政手续。此外,重庆市可以设立"全球科技人才专项基金",为国际创新人才和团队提供资金支持,鼓励他们在重庆开展科研项目和创新创业。同时,完善国际人才的生活服务体系,如提供子女教育、医疗、住房等配套服务,帮助国际人才更好地融入重庆的科技创新生态。

4. 结合本地需求进行政策本地化优化

国际经验需要根据重庆市的实际情况进行本地化改造。在借鉴国际先进经验的同时,重庆市需要根据区域内产业结构、技术需求和人才生态的具体特点,对人才政策进行本地化优化,使其更好地服务于本地的经济和科技创新发展。例如杭州在引进海外创新人才时,根据当地互联网行业的快速发展需求,制定了具有地方特色的"海外归国人才创新创业计划",将国际经验与本地实际有效结合,促进了区域创新生态的良性发展。重庆市可参考杭州经验,结合本地经济结构和技术发展趋势进行优化。重庆市可以根据自身优势产业,如智能制造、新能源汽车、电子信息等,制定针对性的"本地化创新人才政策"。例如,在智能制造领域,重庆市可以与国际领先企业合作,引进海外先进技术和管理经验,结合本地产业需求培养创新人才。并通过设置"本土化人才培育基地",将国际经验与本地实践结合起来,帮助本地企业更好地应对科技升级和产业转型的挑战。此外,针对重庆的地理区位和发展阶段,制定适合中西部城市特点的"海外人才吸引和留用计划"。

通过借鉴灵活的培养机制、产学研结合经验、国际化人才引进管理机制，并结合重庆本地需求进行政策本地化改造，重庆市将能够打造一个更具全球竞争力的创新人才生态系统，推动科技创新与区域经济的高质量发展。

6.2.4 政策连续性与创新性平衡

人才政策的优化不仅要保持政策的连续性，确保现有的人才政策体系不会因为频繁调整而导致人才的不适应，同时也需要在创新性上有所突破。重庆市在优化人才政策时，应保持政策的可预见性和稳定性，确保人才在政策激励下能够长期发挥作用。同时，针对新兴技术和产业，及时调整和创新人才政策，提供差异化的政策支持。

1. 保持核心政策的长期稳定性

为了避免频繁的政策调整导致人才流失或不适应，重庆市应保持核心人才政策的稳定性和可预见性。核心政策应包括人才引进、发展、激励和保留等方面，这些政策应在数年内保持一致，确保人才在政策激励下能长期发挥作用。例如北京市中关村保持了长期的人才激励政策，如高层次人才的创新项目资助、创业支持等，吸引了大量高科技人才入驻并稳定发展。重庆市可以设立"长期人才发展规划"，明确未来5-10年的人才政策重点，涵盖引进高层次人才、创新型人才培养以及本土人才发展等方面。保持诸如科研资助、住房保障、教育配套等核心人才激励措施的稳定性，同时定期对政策实施效果进行评估，进行小幅度调整而不大幅改动核心政策，确保政策的延续性和可预见性。

2. 针对新兴技术和产业进行政策创新

在保持政策稳定性的同时，重庆市应针对新兴技术和产业的发展趋势，灵活调整并创新人才政策，提供差异化的支持措施。尤其是对人工智能、新能源、智能制造等新兴领域，应该有针对性的人才政策，快速适应技术和产业的变化需求。例如深圳市南山区在新兴产业政策创新方面，设立了面向人工智能和5G技术的专项人才引进计划，通过灵活的政策支持，快速引进了大量高端人才。针对新兴产业的科技人才，重庆市可以设立"新兴技术人才专项扶持计划"，通过设立专门的项目资金、创新平台和合作机制，推动新兴领域的科技创新和人才发展。例如，对人工智能领域的人才设立"人工智能创新专项资金"，吸引全球顶尖 AI 人才入驻重庆。同时，为这些新兴技术人才提供更加灵活的薪酬体系、项目合作机会和国际化合作平台。

3. 建立渐进式政策优化机制

重庆市可以采取"渐进式政策优化"的方式，逐步对现有政策进行小幅创新调整，而不是一次性全面改动。这种渐进式的调整可以确保政策的连续性和稳定性，同时为新兴需求提供灵活应对方案。例如杭州通过设立"未来科技城"试点区域，首先在特定区域对新兴科技产业实施差异化政策，随后将成功的政策推向全市，保持了政策创新和连续性的平衡。重庆市可以每年或每两年进行一次小幅度的政策评估和调整。通过设立"政策试点区域"，在某些重点领域或区域先行试点新政策，确保创新性政策不会影响整体的政策稳定性。例如，可以先在特定产业园区试行更加灵活的工作签证、科研资金申请等政策，经过验证后再逐步推向全市。

4. 设立人才政策动态调整机制

重庆市可以引入动态调整机制，根据技术进步、产业发展和国际人才流动的趋势，及时对人才政策进行优化。通过该机制，确保政策创新与现实需求的同步，并在保持连续性的前提下引入创新性调整。例如上海市通过设立"人才政策动态调整平台"，定期对全球人才流动和本地需求进行数据分析，并根据市场变化对人才引进政策、科研资助政策进行小幅调整，确保政策的前瞻性和适应性。重庆市亦可以建立"人才政策动态调整平台"，负责定期监测全球科技发展趋势、新兴产业人才需求、国际人才流动情况，并根据这些变化提出政策调整建议。每年可以发布"人才政策动态调整报告"，根据报告中的数据对政策进行微调，以确保政策能及时应对市场和科技变化，同时保证政策主框架的连续性。通过保持核心政策的长期稳定性、创新新兴技术领域的人才政策、建立渐进式优化机制、设立动态调整机制，重庆市可以在政策连续性和创新性之间实现有效的平衡，既能吸引和保留人才，又能及时适应科技和产业发展的新趋势。

通过政策的评估与优化，重庆市能够确保人才战略始终符合科技创新发展的需求，为城市的持续创新和长远发展提供强有力的人才保障。

6.3 区域合作与国际化战略

6.3.1 与其他地区和国家的人才交流合作

重庆市在推动人才战略时，区域合作与国际化人才交流合作是提升人才引进质量、拓宽人才渠道的重要途径。通过与国内外地区的合作，重庆市可以借鉴先进经验，吸引更多高层次人才，推动本地科技创新与产业升级。以下是四点具体措施：

1. 建立区域性和国际性人才合作平台

为了促进与其他地区和国家的人才交流，重庆市可以建立区域性和国际性的人才合作平台，推动人才流动和合作。通过这些平台，重庆市可以加强与国内其他城市以及国际创新城市的联系，推动人才的引进、培养和交流。例如上海市设立了"国际人才港"，打造国际化的创新合作平台，吸引了大量的国际高端科技人才与上海本地企业、科研机构开展深度合作。重庆市可以设立"国际人才交流中心"，通过与其他地区和国家的高校、科研机构、企业建立合作伙伴关系，定期举办人才对接会、创新论坛、国际科技合作交流会等活动，促进本地人才与外部人才的互动与合作。同时，重庆市还可以通过这些平台吸引海外专家和学者短期或长期来渝交流、讲学或合作研究。

2. 推动区域合作与人才共建机制

重庆市可以通过与国内发达城市和创新资源丰富的地区开展人才合作与共建，联合培养创新人才。与长三角、珠三角、京津冀等发达区域的高校、科研机构、企业进行合作，通过人才双向交流，提升重庆市的人才素质与创新能力。例如国内粤港澳大湾区设立了"人才合作与发展平台"，通过湾区内的城市合作，推动科技创新人才的互通互补，形成了区域协同创新的格局。重庆市可以设立"区域人才合作计划"，与长三角和珠三角等发达地区共同设立人才培养和合作基金，通过联合项目、联合培养和学术交流，推动人才的双向流动。特别是在关键产业（如人工智能、智能制造、金融科技等）中，设立"人才共享项目"，实现科研人员和创新型人才在区域内的资源共享和共建机制，提升合作效益。

第6章 重庆市人才发展战略实施路径

3. 建立海外人才引进合作机制

重庆市需要与国际创新型国家和地区建立紧密的合作机制，吸引国际高层次人才回国或来渝发展。通过海外人才引进计划，重庆市可以直接对接海外人才、技术和管理经验，增强本地的国际化竞争力。例如深圳市通过在硅谷设立"海外人才联络站"，成功吸引了大批海归人才回国创业，促进了深圳市高科技产业的快速发展。重庆市可以设立"海外人才合作办公室"，专门负责与欧美、日本、韩国等科技发达国家的高校、企业、科研机构对接，通过提供便利的签证政策、科研资金支持、生活保障等措施，吸引海外高端人才来渝工作。同时，重庆市还可以通过海外设立"人才引进工作站"，向发达国家推广重庆市的创新环境与政策，吸引国际顶尖科学家、企业家来渝开展合作。[1]

4. 推动跨区域、跨国界的人才联合培养项目

为了加强人才的国际化视野，重庆市可以与国内外知名高校、科研机构、企业合作，推动人才的联合培养。通过跨区域和跨国界的人才培养项目，重庆市可以加速本地科技人才的国际化发展，提升本地人才的创新能力。例如杭州通过与剑桥大学、哈佛大学等世界名校开展联合培养项目，每年派遣本地科研人员赴海外顶尖高校进修，培养了一批具有国际化视野的创新型人才。

---

[1] 1997年后，重庆成为直辖市后，逐渐开始独立制定海外人才引进政策。2013年起，重庆启动"重庆市留学人员回渝创业启动支持计划"每年筹集200万资金用于扶植海归人员创业，优先支持电子信息、汽车摩托车、装备制造、医药化工等重点产业的创业项目，并在税收、工商等方面给予较大优惠。为鼓励和支持留学人员以创业带动就业，根据国务院《关于大力推进大众创业万众创新若干政策措施的意见》(国发〔2015〕32号)、《关于印发"十三五"促进就业规划的通知》(国发〔2017〕10号)、《关于做好当前和今后一段时期就业创业工作的通知》(国发〔2017〕28号)和中组部、人社部《关于支持留学人员回国创业的意见》(人社部发〔2011〕23号)精神，以及市委办公厅、市政府办公厅《关于深化人才发展体制机制改革促进人才创新创业的实施意见》(渝委办发〔2017〕4号)有关要求，2017年制定了《重庆市留学人员回国创业创新支持计划实施办法》。重庆市留学人员回国创业创新支持计划"(简称"留创计划")是指为了对接人社部"中国留学人员回国创业创新启动支持计划"和重庆市引进海外英才"鸿雁计划"、"百人计划"等海外引才项目，每年择优资助一批创业创新项目，以支持留学回国人员来渝发展。2022年5月27日，市第六次党代会强调，要加快打造具有全国影响力的科创中心，加快建设全国重要人才高地（按照要求应规范为"人才平台"），让科技创新"关键变量"成为重庆高质量发展的"最大增量"，让"近者悦、远者来"成为重庆科技、人才事业发展的响亮品牌。近日，重庆市进一步加大政策支持力度，强化海外人才入驻"吸引力"。重庆市人社局会同西部科学城重庆高新区出台《加快西部（重庆）科学城人才双向离岸创新创业发展的若干措施》，依托中国·重庆留学人员创业园，聚焦人才国际合作交流和创新创业便利化，探索建立人才"双向"离岸创新创业新机制，加快形成人才国际竞争的比较优势。

重庆市可以通过设立"国际人才联合培养计划",与国内外顶尖高校合作,推出联合博士、博士后培养项目,支持本地科研人才赴国外进行深造和研究。同时,重庆市还可以与国际企业开展人才培养项目,培养具有国际视野的科技创新人才。此外,重庆市可以通过与国内外科研机构的合作,推动本地科研人员的国际交流与访问,提升本地人才的科研能力。

通过建立区域性和国际性人才合作平台、推动区域合作与人才共建、建立海外人才引进机制、推动跨区域联合培养,重庆市将能够扩大人才来源,提升国际化人才储备,进一步增强本地创新能力与国际竞争力。

6.3.2 国际化背景下的重庆人才战略

在全球化和科技创新迅速发展的背景下,重庆市需要通过国际化的人才战略,提升城市的全球竞争力和创新能力。通过吸引海外高层次人才、提升本地人才的国际化水平、建立全球化的创新环境,重庆市可以实现人才和科技的双向发展。

1. 吸引国际高端科技人才

重庆市应在全球范围内加大对高层次科技人才的引进力度,特别是在人工智能、大数据、智能制造等前沿科技领域。通过提供具有国际竞争力的薪酬待遇、科研支持和生活保障,吸引世界顶尖科技人才来渝创新创业,提升重庆市的国际创新能力。例如上海通过"千人计划"和"外专千人计划",成功吸引了大量国际高端科技人才入驻,成为中国科技创新中心之一。重庆可以设立"全球顶尖人才引进计划",瞄准诺贝尔奖得主、知名大学教授、跨国公司技术高管等高端科技人才,提供科研启动资金、税收优惠、签证便利等全方位政策支持。推出国际化的薪酬和激励机制,对引进的高端人才实行更具竞争力的薪资待遇和科研奖励政策,提供住房、医疗、教育等一站式的生活配套服务。设立全球人才专项基金,用于支持海外科技人才来渝创业或联合开展科研项目。

2. 推动本地人才国际化发展

国际化不仅仅依靠引进海外人才,还要推动本地人才走向国际,提高他们的全球竞争力和国际视野。重庆市应加大对本地人才出国交流和培训的支持力度,鼓励他们参与国际科研合作、参加国际学术会议,提升本地人才的国际化水平。例如深圳通过设立"国际化人才培养基金",每年支持一批本地科技创新人才赴国外高校、科研机构进行进修和研究,帮助他们建立国际化的视野和科研合作网络。重庆可以设立"国际人才培育计划",支持重庆市的高校、科研院所、企业派遣人才到国际知名学术机构、企业进行长期进修和短期交流。增加对国际学术交流的支持,设立专项资金,支持本地科研人员、企业高管参加国际学术会议、行业论坛等,提升国际合作与信息共享的能力。推动本地企业与国际科研机构的合作,鼓励重庆的高科技企业与欧美、日韩等国的科研机构建立联合实验室或研发中心,培养国际化复合型人才。

3. 构建国际化创新创业环境

重庆市应打造国际化的创新创业环境,为全球科技人才提供优越的创业平台和条件。通过与全球创新城市对接,设立国际科技合作园区,形成适合国际高端人才落户的创新生态系统。例如杭州建立了"国际人才创业创新园",吸引了包括硅谷在内的多个国际创新中心的科技创业者,提供全方位的创业支持服务。重庆可以建立"国际创新创业示范区",打造专门面向国际人才的创新创业园区,提供国际化的办公环境、政策支持和创业配套服务。设立"全球科技创新合作中心",通过吸引国际风险投资机构、跨国企业研发中心落户重庆,提升本地创新创业全球化的氛围。加快创建园区的国际化配套设施,例如提供全英文的政策解读、国际化的法律服务、子女国际学校等,吸引海外人才长期在重庆发展。

4. 加强与国际机构和国家的科技合作

重庆市可以主动加强与国际知名科研机构、跨国公司和发达国家的科技合作,通过全球化合作推动本地科技创新和人才培养。与国际知名高校、研究机构以及国际组织的合作,不仅可以促进科研成果共享,还能为重庆市的科技人才提供更多的国际交流和科研合作机会。例如北京通过与微软、IBM等国际科技巨头的合作,在中关村建立了多个国际研发中心,吸引了大量国际化科技人才,推动了北京的全球科技合作。重庆可以设立"国际科技合作专项资金",鼓励本地高校、科研机构与世界一流大学、科研机构开展合作研究,推动全球科研项目的共享。加强与跨国公司的合作,鼓励跨国企业在渝设立研发和创新中心,为本地人才提供国际化的科研和工作机会。加快与国际组织合作推动科技创新,与联合国教科文组织、世界银行、OECD等国际组织合作,争取国际科技创新合作项目落户重庆。

通过吸引国际高端科技人才、推动本地人才的国际化发展、构建国际化的创新创业环境、加强与国际机构和国家的科技合作,重庆市可以进一步融入全球科技创新网络,提升城市的国际竞争力与科技创新水平。

6.4 创新生态系统的构建

在全球科技迅速发展的背景下,重庆市需要构建一个全面的创新生态系统,以支持科技创新和人才发展的持续增长。这一生态系统不仅需要高效的创新平台和良好的人才发展环境,还需要合理的创新资源整合与配置,以促进科技成果的转化和应用。

6.4.1 创新生态系统的概念

创新生态系统是指通过多元主体的协同合作,促进创新资源的整合和复杂网络系统的有效利用。它不仅包括技术、资本、人才等资源的流动,还涉及政府、企业、科研机构、金融机构、市场、用户等主体之间的互动与合作。创新生态系统的核心在于通过资源的高效配置、信息的共享、创新主体之间的协作来推动科技创新和经济增长。如图6.1所示。

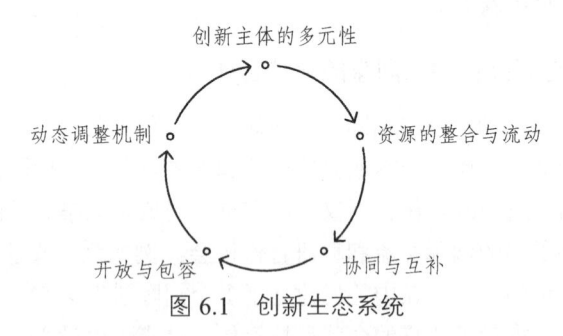

图 6.1 创新生态系统

创新生态系统的概念来源于自然生态系统的类比。它强调创新活动不仅依赖单一主体的努力,而是整个生态系统的健康运作。以下是创新生态系统的几个关键要素:

1. 创新主体的多元性

创新生态系统中的主体包括企业、政府、科研院所、高校、风险投资机构、技术服务商等。各主体通过相互协作与竞争，推动技术创新、知识共享和市场扩展。

2. 资源的整合与流动

创新生态系统内的资源（如人才、技术、资金等）能够在不同主体之间流动。通过信息共享、技术转让、资本投入等机制，确保资源能够根据需求进行配置，实现创新效率最大化。

3. 协同与互补

不同主体在创新生态系统中扮演着互补的角色，企业负责市场应用，科研机构进行基础研究，政府提供政策支持，金融机构则为创新提供资金保障。这种协同作用形成了一种动态平衡，确保创新活动可持续发展。

4. 开放与包容

创新生态系统具有开放性，欢迎外部创新资源的进入。例如，跨区域或国际合作有助于将外部先进技术引入本地系统中，增强创新能力。同时，系统的包容性使得不同创新模式、创业团队和科技成果能够共存和发展。

5. 动态调整机制

创新生态系统是一个动态演化的过程，随着市场需求、技术进步等因素的变化，系统内部的资源配置和合作模式也会随之调整。政府政策、市场反馈等因素起到了调节系统的作用，确保其能够应对外部环境变化。

总的来说，创新生态系统不仅是一种新型的经济模式，也是推动社会创新和产业转型升级的战略工具。它强调跨部门、跨行业、跨地域的协作，通过高效整合各类创新资源，实现区域或国家的科技进步和经济繁荣。

6.4.2 创新平台与人才发展环境的建设

为了推动重庆市的科技创新，建立高效的创新平台和良好的人才发展环境至关重要。具体措施包括：

1. 建设多元化的创新平台

重庆市应整合高校、科研机构和企业的资源，建立多元化的创新平台，如技术转移中心、创业孵化器、创新实验室等。这些平台应支持科技研发、成果转化和创业活动，为创新团队提供必要的技术支持和服务。例如北京中关村科技园区作为中国首个国家级科技园区，汇聚了大量高科技企业、科研院所和高等院校，形成了良好的创新生态系统。通过建立多层次的创新孵化平台和创业服务体系，为创业者提供融资、政策、市场等多方面的支持。还有上海张江高科技园区，专注于生物医药、集成电路等领域，拥有完备的创新生态环境。园区内建立了多个创新孵化器和加速器，为企业提供融资、技术转让和市场拓展等服务，促进了技术与市场的有效对接。重庆可以在主要高校和科研院所建立"科技创新园区"，为科研人员提供设备和资金支持，鼓励他们开展创新研究。在重点产业园区设立"创业孵化器"，提供创业指导、市场营销和法律咨询等一站式服务，帮助初创企业快速成长。

2. 优化人才发展环境

重庆市需要改善人才发展的整体环境，吸引和留住高层次人才。政府应出台相应的人才政策，包括住房保障、教育资源和职业发展等方面的支持，营造良好的创新氛围。例如深圳南山科技园集聚了众多高新技术企业和科研机构，政府通过设立科技创新专项资金、创业投资基金等，支持本地企业的科技创新与发展。重庆市可以设立"人才住房补贴"，为高层次人才提供住房补助，降低其生活成本。设立"人才发展基金"，为人才的职业发展提供资金支持，资助人才参加国际会议、进修课程等。

3. 加强行业与高校的合作

鼓励企业与高校、科研机构开展深度合作，建立产学研联合创新机制。通过这种合作，可以实现技术研发与市场需求的紧密结合，提高科技成果的转化率。例如成都高新区国际科技合作基地吸引全球科技资源，通过与国际知名科研机构的合作，引入先进的科技资源与技术，推动本地科技创新能力的提升。重庆市可以开展"产学研合作项目"，支持高校与企业联合开展研究，共同开发新技术和新产品。定期举办"校企合作论坛"，搭建企业与高校之间的沟通桥梁，促进资源共享和信息交流。

4. 构建开放的创新生态

重庆市应鼓励创新主体之间的合作与交流，建立开放的创新生态系统。通过开放创新，吸引社会各界力量参与科技创新，形成良好的创新氛围。例如深圳的创新创业大赛，吸引了大量初创企业和创新团队，促进了区域内的科技成果转化与应用。重庆市可以举办"开放创新大赛"，鼓励创业者和团队提交创新项目，吸引投资和合作。建立"创新联盟"，集合各类创新主体，共同推动科技创新和成果转化。

6.4.3 创新资源的整合与配置

整合和配置创新资源是构建创新生态系统的关键。重庆市需要优化资源配置，提升创新效率，确保各类创新资源得到合理利用。具体措施如下：

1. 建立创新资源信息平台

重庆市可以建立一个集成的创新资源信息平台，将高校、科研机构、企业、投资机构等创新资源进行整合和信息共享，促进资源的合理配置和利用。例如浙江省科技成果转化中心通过提供市场分析、技术转让、知识产权保护等服务，促进科技成果的快速转化。重庆市可以建立"重庆市创新资源数据库"，实时更新各类创新资源信息，包括科研项目、技术成果、资金支持等，供各方查询和使用。通过线上平台发布"创新资源对接信息"，促进各类资源的互通和对接，帮助创业者和企业找到合适的合作伙伴。

2. 优化资金支持与配置

政府应整合各类科技资金，优化资金的使用方向，确保资金支持重点领域和高潜力项目。通过合理配置资金资源，促进创新活动的开展。例如广东省设立的科技创新专项资金，资金主要用于高新技术企业、科研机构的项目研发和人才培养。重庆市也可以设立"科技创新专项资金"，重点支持符合国家和地方经济发展战略的科技项目和创新团队。对于初创企业和创新项目，提供"种子基金"和"风险投资"支持，帮助他们渡过早期发展阶段。

3. 促进人力资源的合理配置

重庆市应根据产业发展需求，合理配置人力资源，通过引导和培养等方式，满足科技创新对人才的需求。例如浙江省"千人计划"，通过提供科研启动资金、税收优惠等措施，吸引海内外高端人才来浙创新创业，推动地方经济转型升级。重庆市可以根据市场需求，开展"科技人才培训计划"，定期为在职人员提供技能培训和再教育，提高他们的技术能力。设立"科技人才流动机制"，鼓励企业、高校和科研机构之间的人才流动，提升各类人才的综合素质和创新能力。

4. 推动创新资源的跨区域协同

重庆市应加强与周边省市以及国际创新资源的协作，提升跨区域创新资源的配置效率。通过建立跨区域合作平台，整合区域间的科技资源、人才和市场，形成联动效应。例如，北京、天津、河北协同创建"京津冀创新协同发展计划"，通过区域内的科技资源共享、项目合作，促进了区域创新能力的提升。重庆市可以借鉴这种模式，与四川、贵州等西南地区建立"成渝双城创新带"，共享创新资源，推动区域科技合作。重庆还可以通过引进国际创新资源，尤其是在先进制造、新材料和生物医药等领域的国际合作，提升区域创新能力和产业竞争力。

通过整合国内外的创新资源、科技人才、技术设备等，重庆市可以更高效地配置创新资源，激发区域内创新活力，为科技创新和产业升级奠定坚实基础。

第 7 章
未来展望与政策建议

7.1 科技创新与产业融合趋势下的人才战略展望

7.1.1 人才战略的未来发展方向

在科技创新和产业融合的背景下,重庆市的人才战略未来建议朝着以下几个方向发展。

1. 以需求为导向的人才引进

未来,人才引进将更加注重与地方经济和产业结构的匹配。重点引进与当地发展战略相契合的高层次专业人才,尤其是那些能直接推动高新技术产业发展的专家和技术人员。

(1) 精准引才

建立行业人才需求数据库:通过建立数据库,定期收集和更新各行业的人才需求信息,确保政策制定基于真实的市场需求。

行业人才计划:制定针对重点行业的引才计划,如智能制造、人工智能和绿色科技,明确行业内所需的关键技术和人才类型,吸引专业人才前来。

(2) 行业需求调研

定期开展行业调研:组织专业机构定期对各行业的企业进行调研,了解其在技术创新和人才方面的具体需求,确保引才政策能够与市场动态相适应。

搭建企业与政府的沟通平台:设立定期会议或论坛,让企业能够直接反馈其人才需求,确保政策制定者能够实时掌握市场需求变化。

（3）人才引进政策的灵活性

简化引才程序：优化引才流程，通过一站式服务窗口，减少繁琐的申请程序，提供更高效的人才引进服务。

灵活调整政策：根据不同行业的需求和经济形势的变化，灵活调整引才政策，例如对急需人才提供更高的奖励和支持。

（4）引才激励措施

多层次的激励体系：根据人才层级和领域设计多样化的激励措施，如提供优质住房、子女教育保障、职业发展通道等，增强人才的归属感。

成功案例分享：通过宣传引进高层次人才的成功案例，提升重庆市的知名度和吸引力，吸引更多优秀人才。

2. 跨界人才的培育

随着产业融合加深，各行业之间的界限逐渐模糊，未来将需要更多具有跨界能力的人才。重庆市应加强对复合型人才的培养，通过课程设置、实习实训等方式，促进学生在多个领域的学习和实践。

（1）复合型人才培养计划

专项培训项目：制定专项计划，针对新兴产业和技术领域，培养掌握多种技能的人才，如数据分析与决策、产品开发与市场营销等。

高校与行业联合培养：高校与行业企业联合开设复合型课程，培养具有多领域知识背景的人才，促进跨界合作。

（2）项目制学习与实习

设置实践项目：鼓励高校设立实践项目，让学生在企业真实环境中参与项目，解决实际问题，提升他们的实践能力和创新能力。

建立实习基地：与企业合作建立实习基地，让学生在学习过程中积累实践经验，提升就业竞争力。

（3）多学科交叉课程开发

课程整合与创新：推动多学科课程的整合与创新，如开设"科技与社会"课程，涵盖技术、管理、伦理等多个方面，以培养学生的综合素质。

邀请行业专家授课：引入行业专家和企业领袖，开设专题讲座和研讨班，增加学生对行业实际工作的理解与认识。

（4）创新创业培训

设置创新创业课程：在高等院校和职业培训机构中设立创新创业课程，教授学生创业基础知识、商业计划书撰写和融资技巧等。

组织创业大赛：定期举办创业大赛，鼓励学生和在职人员提出创意和项目，提供奖金和资源支持，以激发他们的创业热情。

3. 新创业人才的激励

随着创业创新环境的不断改善，未来的人才战略将更加注重激励创新创业人才。通过设立创业基金、税收优惠政策等措施，鼓励更多人才投身于创新创业实践。

（1）创新创业基金支持

设立专门的创业基金：政府应设立创业基金，支持新创企业及项目，为创业者提供初期资金、技术支持和市场推广帮助。

风险投资引导：通过设立风险投资引导基金，吸引社会资本投入到创新创业领域，提高投资成功率。

（2）提供创业指导与服务

创业孵化器与加速器：设立创业孵化器和加速器，为创业者提供办公空间、创业指导、网络资源和融资渠道，改善创业环境。

建立创业导师制度：通过引入成功创业者和行业专家担任创业导师，定期提供创业咨询和指导，帮助创业者规避风险。

（3）建立创业孵化器

校企合作建立孵化器：鼓励高校与企业合作建立创业孵化器，利用高校科研优势和企业市场经验，为创业者提供全方位的支持。

举办创业交流活动：定期举办创业交流活动，促进创业者之间的经验分享和合作机会，增强创业生态系统的活力。

（4）创业奖励机制

设立创业奖励：对成功的创新创业项目提供财政奖励和税收减免，激励更多人才积极参与创业活动。

评选优秀创业者：每年评选出优秀创业者和团队，给予荣誉称号和经济奖励，以提升其社会影响力和认可度。

4. 建立终身学习机制

科技的快速变化要求人才具备持续学习和适应新环境的能力。未来的人才战略将注重建立终身学习机制，通过在线学习平台、职业培训等方式，支持人才不断提升自身能力。

（1）完善继续教育体系

建立继续教育课程体系：为各类人才设计系统化的继续教育课程，涵盖专业技能、管理能力、创新思维等内容，确保人才能适应快速变化的市场环境。

与行业协会合作：鼓励行业协会和职业培训机构共同开发符合行业标准的继续教育课程，提升人才的专业能力。

（2）在线学习平台建设

创建学习资源共享平台：搭建在线学习平台，汇集国内外优质课程和学习资源，方便人才随时随地学习。

开展线上学习活动：定期组织线上学习活动，如网络研讨会、在线讲座等，增加人才的学习机会与交流。

（3）企业内训与外部培训结合

推动企业内训机制：鼓励企业设立内训师，开展内部培训，提升员工专业技能和团队合作能力。

引入外部培训资源：鼓励企业与外部培训机构合作，引入专业的培训资源，提高员工的职业素养和市场竞争力。

（4）建立学习型组织文化

倡导持续学习的企业文化：企业应积极倡导持续学习的文化，鼓励员工参加各种培训和学习活动，提高其学习积极性。

奖励学习成果：对在学习和专业技能提升方面取得显著成绩的员工，给予奖励和职业发展机会，激励员工保持学习的动力。

通过落实以上四个发展方向的具体措施，重庆市的人才战略将能够更好地适应科技创新和产业融合的需求，为地方经济和社会发展提供强有力的人才支撑，助力重庆市在全国乃至全球竞争中占据更有利的位置。

7.1.2 人才结构与培养模式的前瞻

在科技创新与产业融合的趋势下，重庆市的人才结构和培养模式将呈现出以下特征。

1. 多元化与复合型人才结构

（1）多样化的人才需求

随着新兴产业的不断发展，重庆市的经济结构日益多元化，涵盖智能制造、信息技术、生物医药、新能源等多个领域。因此，对人才的需求也呈现出多样化趋势，需要具备不同专业背景的人才，既有技术型人才，也有管理型和市场型人才。

（2）复合型人才的培养

针对新兴产业的复杂性和交叉性，重庆市将加强复合型人才的培养。通过课程的整合与创新，结合多个学科的知识体系，培养既具备专业技术能力又具备市场洞察力和管理能力的人才，以适应多变的市场需求。

（3）行业与职业的交叉发展

在人才结构上，重庆市鼓励不同领域的专业人才进行交叉合作，如科技与艺术、工程与管理的结合，促进创新思维和多维度解决问题的能力，提高人才的适应性与创新能力。

（4）终身学习的意识

随着技术和市场环境的快速变化，人才结构将更加注重终身学习意识的培养。人才需要不断更新知识、提升技能，以保持竞争力。因此，将推动企业和教育机构合作，建立持续学习的体系，促进人才的职业发展。

2. 教育与实践相结合的培养模式

（1）校企合作的深入发展

重庆市将加强高校与企业的合作，推动校企联合办学、共建实习基地，增加学生的实践机会。通过企业的真实案例与项目体验，让学生在实践中学习，提升其专业技能和解决实际问题的能力。

（2）项目导向的课程设计

在课程设计上，重庆市将推动项目导向的教学模式。通过将学科知识与实际项目结合，激发学生的学习兴趣，培养其团队协作、项目管理等能力，增强其就业竞争力。

（3）创新创业实践平台

建立创新创业实践平台，为学生和在职人员提供实践机会，鼓励其在真实的市场环境中进行创新实践。通过孵化器和创业基地，为创业团队提供支持，帮助其实现商业化。

（4）评估与反馈机制的建立

在培养过程中，建立健全评估与反馈机制，定期收集学生和企业的反馈意见，及时调整课程内容与教学方法，以确保人才培养与市场需求的匹配。

3. 技术与人文相结合的培养理念

（1）夯实人文素养，提升综合素质

随着技术的发展，人才的培养将不仅局限于专业技能，更要注重人文素养的提升。重庆市将推动不同学科的融合，鼓励学生掌握人文、社会科学等知识，提升其综合素质。

（2）培养创新与批判思维

在人才培养中，重庆市将注重创新思维和批判思维的培养，鼓励学生在解决问题时进行多角度思考，促进其独立思考能力和创新能力的提升，以适应复杂多变的社会环境。

（3）人文关怀与社会责任感

将人文关怀融入教育中，培养学生的社会责任感。通过社会实践和志愿服务，让学生认识到自己作为社会一员的责任，提高其社会适应能力与人际交往能力。

（4）构建学习共同体

在人才培养过程中，鼓励学生与教师、企业专家共同学习，形成学习共同体。通过分享经验与知识，提升学习的深度和广度，培养学生的合作能力和团队精神。

4. 国际化与本地化相结合的培养战略

（1）国际化人才引进与培养

重庆市将通过与国际知名高校、科研机构合作引进国际化人才，同时提升本地人才的国际视野与竞争力。通过交流项目、联合研究等方式，培养具有全球视野的人才。

（2）本地特色的培养模式

在引进国际化经验的基础上，结合重庆市的地方特色，制定适合本地发展的培养模式。例如，围绕重庆的产业优势和发展需求，制定专门的人才培养计划，确保与地方经济发展紧密结合。

（3）国际交流与合作

鼓励高校与国际院校建立合作关系，推动师生交流与合作研究，提升本地人才的国际竞争力与适应能力。通过学习国际先进教育理念和实践经验，促进本地教育的提升。

（4）双语教育与多文化培养

在人才培养过程中，推广双语教育，增强学生的语言能力。同时，注重多文化的教育与交流，培养学生的全球视野与跨文化沟通能力，使其在国际化背景下更具竞争力。

未来，重庆市将构建更加适应科技创新和产业融合的人才结构与培养模式，为地方经济和社会发展提供坚实的人才保障和支持。

7.2　对政府与企业的政策建议

7.2.1　政府在人才战略中的角色

1. 制定长远的人才发展规划

在科技创新与产业融合的背景下，政府在人才战略的实施中扮演着至关重要的角色。政府应根据经济社会发展需求，制定科学、合理的长远人才发展规划，明确人才引进、培养和使用的目标和路径。

（1）科学合理的人才规划

政府应根据重庆市的经济社会发展需求，结合产业结构调整和技术创新的实际情况，制定长远的人才发展规划。这一规划应明确未来几年的人才引进、培养和使用的具体目标、重点领域以及相应的路径，确保人才战略与地方经济发展相匹配。

（2）动态调整与实施路径

在制定长远规划时，政府需考虑到市场环境的变化和技术发展的趋势，建立动态调整机制，确保人才规划能够灵活应对未来的不确定性。具体实施路径应包括短期、中期和长期目标，以便于各级政府和相关部门逐步落实。

（3）目标导向与评估机制

规划的制定应围绕明确的目标进行，并建立相应的评估机制。政府应定期对人才发展规划的实施效果进行评估，通过数据分析与反馈，调整规划内容和实施策略，确保人才发展目标的实现。

（4）多方参与与协调

在制定人才发展规划时，应广泛征求企业、科研机构、高校和社会各界的意见，确保规划的科学性与可操作性。同时，政府应加强部门间的协作，形成合力，共同推动人才发展规划的实施。

2. 提供政策支持与激励措施

政府需制定多项政策支持高层次人才的引进和留用，例如税收优惠、住房补贴、创业扶持等，创造良好的政策环境，吸引优秀人才扎根重庆。

（1）多样化的政策支持

政府应制定多项政策支持高层次人才的引进与留用。例如，提供税收优惠、住房补贴、科研经费支持等措施，降低人才生活与工作的成本，创造良好的政策环境，吸引优秀人才扎根重庆。

（2）创业与创新激励

除了直接的经济支持，政府还应推动创新创业的政策措施，例如设立创业基金、提供创业培训和咨询服务，鼓励人才自主创业，支持创新项目的孵化和发展，提升地方的创新能力。

（3）保障政策的可持续性

政府应确保所制定的支持政策具有长期性和稳定性，避免因政策的频繁变动而造成人才流失。同时，建立相关政策的评估机制，定期回顾政策实施效果，根据市场反馈及时进行调整。

（4）宣传与服务平台建设

政府应加大对人才政策的宣传力度，通过各种渠道向社会各界宣传人才政策的内容和实施效果。同时，建立人才服务平台，方便人才获取政策信息和申请相关支持，提升政策的可及性。

3. 加强人才评估与服务体系建设

政府应建立完善的人才评估机制，对人才培养、引进和使用情况进行定期评估，以便及时发现问题并进行调整。同时，政府还应建立人才服务平台，提供信息咨询、职业规划等服务，帮助人才更好地融入社会。

（1）建立完善的人才评估机制

政府应建立系统的人才评估机制，定期对人才引进、培养、使用和流动情况进行评估，发现人才政策实施中的问题和不足。通过定量分析与定性分析相结合的方法，提升评估的科学性与精确性。

（2）反馈与调整机制

通过评估机制收集的数据，政府应及时调整人才政策和实施策略，确保政策的灵活性与适应性。同时，建立人才需求的反馈机制，及时了解市场对人才的需求变化，以便调整人才培养方案和引进策略。

（3）人才服务平台建设

政府应建立人才服务平台，提供信息咨询、职业规划、培训服务等支持，帮助人才更好地融入社会。通过整合各类资源，提供一站式服务，提升人才的获得感和满意度。

（4）职业发展与流动性支持

在人才服务体系中，政府应关注人才的职业发展与流动性，提供职业指导、培训及发展规划，帮助人才适应岗位要求，提升其职业竞争力。同时，鼓励企业为人才提供职业发展机会，促进人才的稳定与流动。

4. 鼓励跨部门合作

各相关部门应加强协调与合作，形成合力，共同推进人才战略的实施，确保政策的有效落地。特别是在科技、教育、就业等方面，政府应统筹资源，协同推进人才发展。加强部门间的协调机制。政府在制定人才战略时，需加强科技、教育、人社等相关部门之间的协调与合作。通过建立定期沟通机制，分享信息与经验，确保各部门在人才发展战略中的目标一致、行动协调。

（1）资源整合与共享

各部门应统筹资源，共同推进人才战略的实施。通过整合各类教育、培训、创新资源，形成合力，确保人才政策的有效落地，提升人才培养和引进的整体效果。

（2）联合开展项目与活动

政府各部门可联合开展人才引进、培养和服务的项目与活动，如定期举办人才招聘会、培训班、创新创业大赛等，以增加人才的流动性和可选择性。

（3）政策执行的反馈机制

建立跨部门的政策执行反馈机制，各相关部门应及时收集政策实施效果的数据，分析政策在不同领域的表现，以便于后续的政策制定与调整，确保人才战略的有效实施。

通过上述措施，政府将能够更好地发挥在人才战略中的核心作用，为重庆市的人才发展提供强有力的支持，推动科技创新与产业融合的深入发展。

7.2.2 企业在人才发展中的创新举措

在科技创新与产业融合的背景下，企业在人才发展中发挥着至关重要的作用。企业应采取一系列创新举措，促进人才的培养、激励和保留。

1. 构建企业内部人才培养机制

企业应建立完善的内部人才培养体系，通过岗位培训、职业发展规划等方式，提升员工的综合素质和专业能力。

（1）完善的培训体系

企业应建立系统化的内部人才培养机制，制定针对不同岗位和员工发展的培训计划。这可以包括新员工入职培训、专业技能提升培训以及领导力发展课程等。通过持续的学习与培训，员工能够不断提高其专业能力，适应快速变化的市场环境。

（2）职业发展规划

企业应为员工提供个性化的职业发展规划，帮助员工明确职业目标和发展路径。通过定期的职业发展谈话，企业可以与员工共同探讨职业发展的机会，并提供相应的支持和资源，确保员工的成长与企业的发展目标相一致。

（3）内部导师制度

设立内部导师制度，通过经验丰富的员工指导新员工或年轻员工，帮助他们更快地适应工作环境，提升专业技能。导师还可以传授行业知识和职场经验，增强员工的归属感和认同感。

（4）绩效考核与反馈机制

企业应建立科学合理的绩效考核与反馈机制，以便及时了解员工的工作表现和发展需求。通过定期的绩效评估和反馈，企业可以识别高潜力人才，并为他们提供更有针对性的培训和发展机会。

2. 营造创新文化

企业应积极营造创新文化，鼓励员工提出创意和建议，激发他们的创新潜力。可以设立"创新奖"或"创意基金"，支持员工的创新项目。

（1）鼓励员工创新

企业应积极营造创新文化，鼓励员工提出创意和建议，创造一个开放的交流环境。通过举办创新分享会、头脑风暴等活动，让员工自由表达自己的想法和观点,激发创新潜力。

(2)设立"创新奖"或"创意基金"

企业可以设立"创新奖"或"创意基金",以表彰和支持员工的创新项目。对于那些提出有效创意并成功实施的员工,给予一定的奖励,不仅能够提高员工的积极性,还能激励其他员工参与到创新活动中。

(3)跨部门合作与交流

鼓励不同部门之间的合作与交流,促进跨职能团队的形成。通过组织跨部门的项目或工作坊,员工能够更好地了解其他部门的工作,获取不同的视角,增强创新的灵活性和多样性。

(4)营造宽容的企业文化

企业应建立对失败的宽容文化,鼓励员工在创新过程中勇于尝试和探索。通过分析失败的案例,企业可以从中学习,提高创新成功率。

3. 与高校、科研机构建立合作关系

企业应与高校、科研机构建立长期合作关系,共同开展技术研发和项目合作,实现资源共享和优势互补。

(1)长期合作机制

企业应与高校、科研机构建立长期的合作关系,共同开展技术研发和项目合作。这种合作可以实现资源共享,企业可以获得最新的技术研究成果,而高校和科研机构也能获取实际应用的机会,推动研究深化。

(2)共同培养人才

通过与高校联合办学、设立实习基地等形式,企业可以参与到人才的培养中去,为学生提供实习和就业机会。同时,企业也可以根据行业需求,提出人才培养的建议,与高校共同制定课程和培训计划。

(3)项目合作与技术转移

企业与高校、科研机构可以通过项目合作,实现技术转移与成果转化。企业可以提供实际需求,高校和科研机构则负责技术研发,共同推动科技创新,提升企业的市场竞争力。

第 7 章
未来展望与政策建议

（4）搭建交流平台

企业应搭建与高校、科研机构的交流平台，定期举办技术交流会、学术论坛等活动，促进信息共享与思想碰撞。这种交流不仅能够加强双方的合作关系，还能提升企业的创新能力和技术水平。

4. 关注员工的职业发展与心理健康

企业在关注员工专业技能提升的同时，还应注重其职业发展与心理健康。通过提供职业咨询、心理辅导等服务，帮助员工实现自我价值，增强其工作满意度和忠诚度。

（1）职业发展支持

企业在关注员工专业技能提升的同时，还应重视其职业发展。提供职业咨询服务，帮助员工制定个人职业发展计划，支持他们实现职业目标，增强工作满意度和忠诚度。

（2）心理健康服务

企业应关注员工的心理健康，提供心理辅导和支持服务。定期组织心理健康培训和讲座，帮助员工了解心理健康知识，增强心理素质，预防职业倦怠。

（3）工作与生活的平衡

企业应创造良好的工作环境，关注员工的工作与生活平衡。灵活的工作安排、适度的工作压力和良好的企业文化，有助于提升员工的工作满意度和归属感。

（4）定期员工反馈机制

企业应建立定期的员工反馈机制，了解员工对职业发展与心理健康的需求与期望。通过员工调查、座谈会等方式，及时调整相关政策和措施，营造积极的工作氛围。

通过以上创新举措，企业能够更有效地促进人才的发展与留用，提升员工的积极性与创新能力，进而推动科技创新与产业融合的深入发展。

回望重庆高层次人才政策的演变和发展，可以肯定的是，高层次人才在重庆经济发展中起到了举足轻重的作用。重庆作为中国西部经济发展的第一梯队，要提高政策稳定性，保持政策连续性，与时俱进，持续完善高层次人才政策体系，推动重庆成为科创中心与人才高地，推动产业结构升级转型，为西部创新中心的建设作出应有的贡献，率先打造中国经济"升级版"。

参考文献

[1] 于扬. 关于加强我国科技人才引聚的对策研究[J]. 天津科技, 2024, 51（9）: 63-66.

[2] 陈蓓, 雷丹. 新时代科技人才队伍建设实践[J]. 四川劳动保障, 2024（8）: 61-62.

[3] 郭祖昌, 陆轶, 尹文嘉. 科技人才驱动新质生产力发展: 实践困境与纾解路径[J]. 科技广场, 2024（4）: 5-13.

[4] 鲁天翔, 金志良, 周康, 等. 多维度多层级构筑人才发展平台全面打造基业长青的科技人才队伍[J]. 石油组织人事, 2024（8）: 32-34.

[5] 徐洪, 黄璐, 刘明熹, 等. 人才链创新链产业链深度融合——理论逻辑、融合现状与提升路径[J/OL]. 科学学研究, 1-12[2024-10-07].

[6] 田晶. 普通高校科技人才评价体系构建研究[J]. 湖北第二师范学院学报, 2024, 41（8）: 105-110.

[7] 张栋, 薛澜, 梁正, 等. 高水平研究型大学发挥国家战略科技力量作用的经验与启示[J]. 清华大学教育研究, 2024, 45（4）: 46-59.

[8] 刘宏涛, 杨盼君. 科技人才评价研究综述[J]. 对外经贸, 2024（8）: 96-99.

[9] 张金倩楠, 马宗文, 陈泓谕. 中国青年科技人才主持国际科技合作项目的成效与优化策略[J/OL]. 科技管理研究, 1-10[2024-10-07].

[10] 郭峥, 梁力军, 张梦婉. 科技人才创新能力的演进机理与提升机制仿真研究——基于国内科研机构数据[J]. 宏观经济研究, 2024（8）: 97-113.

[11] 朱春艳, 李东洺, 陈凡. 关于科技创新重要论述的系统思维探析[J]. 系统科学学报, 2024, 32（3）: 42-46.

[12] 邓龙江. 也谈高水平科技创新人才的特质与成长——16所工科重点大学科技联盟给我的启示与体会[J]. 研究与发展管理, 2024, 36（4）: 12-15.

[13] 姜培学. "顶天、立地、树人"与"教育、科技、人才"一体化发展——兼谈卓越工程师培养[J]. 研究与发展管理, 2024, 36（4）: 8-11.

参考文献

[14] 童小华. 构建研究型大学科技创新体系，推动科技自立自强高质量发展[J]. 研究与发展管理，2024，36（4）：20-23.

[15] 潘娜，宋雪儿，黄婉怡.新一线城市海外人才政策变现的比较研究[J]. 中国科技论坛，2023（5）：110-122.

[16] 赵健，徐翠翠. 科技人才长周期评价体系构建及优化思路[J]. 产业创新研究，2024（15）：165-167.

[17] 徐辉，马永军. 教育强国战略的演进逻辑与实践理路[J]. 教育学术月刊，2024（8）：3-11.

[18] 陈光丽，陈晖. 区域高层次科技人才评价指标体系研究——以昆明市为例[J]. 科技与创新，2024（8）：168-171.

[19] 李宜霏. 创新型科技人才分类评价研究综述[J]. 中国商界，2024（3）：214-216.

[20] 李培园，成长春. 科技人才非均衡流动对区域经济差距的影响——基于长江经济带104个城市的实证研究[J]. 长江流域资源与环境，2024，33（8）：1599—1608.

[21] 许经伟，李雪迪，王文学. 基于知识图谱的电信行业人才管理应用研究[J]. 信息通信，2020（9）：219-221.

[22] 黄瀚玉，刘邵鑫，曾绍伦. 产教融合人才培养模式研究的知识图谱可视化分析[J]. 教育与职业，2018，(11)：18-25.

[23] 蒋睿，苟茂海. 基于创新发展视角的农业科技人才业绩评价体系研究与应用——以重庆市农业科学院为例[J]. 农业经济，2024(8)：124-126.

[24] 杨芳，陈劲. 中国基础研究人才评价机制改革趋向、问题挑战与对策建议[J]. 科技管理研究，2024，44（15）：1-7.

[25] 杨传喜，梁慧楠，秦辉. 新质生产力视阈下农业科技资源流动对农业高质量发展的影响[J]. 科技管理研究，2024，44（15）：25-37.

[26] 刘冲. 浅析科研院所科技人才薪酬激励举措[J]. 现代营销（上旬刊），2024（8）：132-134.

[27] 袁然，魏浩. 国际人才引进与中国企业技术突破：兼论加快建设世界重要人才中心的建议[J]. 中国软科学，2024（4）：79-90.

[28] 迟凤亮. 人力资源管理的人才引进与留住策略研究[J]. 市场瞭望，2024（6）：142-144.

[29] 苏强，罗佳音，邱晓雅，等. 新质生产力与科技人才培养的耦合逻辑

173

及实践进路[J/OL]. 现代情报，1-12[2024-10-07].

[30] 许可，郑宜帆. 美国"扩张型"科技竞争战略：底层逻辑、推行路径及中国对策[J]. 东岳论丛，2024，45（7）：43-50.

[31] 梁荣成，彭剑锋. 使命驱动与事业牵引"双轮驱动"科学帅才辈出机制研究——以中国运载火箭技术研究院为例[J/OL]. 当代经济管理，1-19[2024-10-07].

[32] 孙巍，王蒲生. 科技人才结构与科技产出效率相关性分析——以深圳市为例[J/OL]. 科学学研究，1-20[2024-10-07].

[33] 张冬梅. 科技型企业高层次人才引进与管理的策略与方法研究[J]. 企业改革与管理，2024（5）：67-69.

[34] 程阳，周玉容. 基于PMC指数模型的城市人才引进政策文本量化评价分析[J]. 中国人事科学，2024（2）：36-44.

[35] 李兵，徐辉，程志宇，等. 多学科交叉视角下的科技人才研究主题分析[J/OL]. 科学学研究，1-22[2024-10-07].

[36] 张海鸥，刘超，吴云超，等. 吉林省农业科技人才队伍高质量发展对策研究[J]. 农业与技术，2024，44（14）：178-180.

[37] 柳美君，杨杰，石静，等. 中国内地科技人才跨境流动网络多样性与互惠性[J/OL]. 科学学研究，1-19[2024-10-07].

[38] 刘合，林腾飞，王善宇，等. 能源型央企青年科技人才队伍建设的路径与建议[J]. 工程管理科技前沿，2024，43（4）：1-6.

[39] 周文，李雪艳. 加快形成与新质生产力相适应的新型生产关系：理论逻辑与现实路径[J]. 政治经济学评论，2024，15（4）：84-99.

[40] 边作为. 区域科技人才流失风险预警机制研究[J]. 海峡科技与产业，2024，37（7）：34-37.

[41] 陈书洁. 教育、科技、人才一体化赋能新质生产力：趋势、挑战与应对[J]. 人口与经济，2024（4）：9-14+18.

[42] 姚凯. 强化新质生产力人才的战略支撑作用[J]. 人口与经济，2024（4）：6-9+18.

[43] 周建设，董苏，薛嗣媛. 教育、科技、人才协同发展背景下的语言人才培养[J]. 外国语文，2024，40（4）：33-44.

[44] 刘颖，王野，曹琦. 科技人才集聚演化与区域协同治理——基于京津冀城市群的计量分析[J]. 中国行政管理，2024，40（7）：50-60.

[45] 何玉芳. 为发展新质生产力培育急需人才[J]. 红旗文稿, 2024 (14): 41-44.

[46] 岳思佳. 商业银行金融科技人才培养策略研究[J]. 市场周刊, 2024, 37 (21): 179-182.

[47] 薛琪薪, 陈陆琪. 京津沪杭深广海外人才政策对比及优化研究[J]. 上海城市管理, 2023, 32 (1): 45-54.

[48] 何晓柯. 浙江与粤苏科技创新能力的比较及提升对策[J]. 科技管理研究, 2024, 44 (14): 28-36.

[49] 朱星, 孟祥山, 姜荣斌. 泰州科技人才发展政策集成体系调查与研究[J]. 泰州职业技术学院学报, 2024, 24 (4): 62-66.

[50] 郑立伟, 程枫娜. 通过大数据和人工智能进行国际高层次人才引进的路径分析与探讨[J]. 大数据与人工智能, 2023, 4 (6)

[51] 陈劲, 陈书洁. 教育、科技、人才一体化加快新质生产力发展: 关键问题、现实逻辑与主要路径[J]. 现代教育技术, 2024, 34 (7): 5-12.

[52] 应验, 杨浩东. 人力资源服务产业园与地区高质量发展: 基于2003年至2020年地级市的面板数据[J]. 中国人力资源开发, 2024, 41 (7): 92-109.

[53] 丁鹏. 地方政府引进海外高层次人才政策执行研究[J]. 长春教育学院学报, 2022, 38 (3): 63-68.

[54] 李庆波, 徐永赞, 朱鹏举. 科技人才评价研究综述[J]. 河北科技大学学报, 2024, 45 (4): 443-453.

[55] 朱永新. 以进一步深化教育改革助推新质生产力发展[J]. 中国远程教育, 2024, 44 (8): 3-22.

[56] 任映红. 新质生产力提出的理论贡献与实践意义[J]. 湖南社会科学, 2024 (4): 44-50.

[57] 欧小军. 美国一流大学集群赋能一流城市群科技创新——基于美国三大城市群的案例分析[J]. 中国教育科学 (中英文), 2024, 7 (4): 143-152.

[58] 翁铁慧. 发挥教育、科技、人才在推进中国式现代化中的支撑作用[J]. 中国高校社会科学, 2024 (4): 4-12+156.

[59] 王明姬. 发达国家培育国家战略人才的七大举措及启示[J]. 中国经贸导刊, 2023 (10): 86-88.

[60] 孙涛, 高慧. 高等教育如何促进世界重要人才中心和创新高地建设

——基于日本政府科学技术发展相关政策的分析[J]. 大学教育科学，2024（4）：88-97.

[61] 吴静，黄学文，陈恩强. 培育新质生产力背景下粤港澳大湾区高水平人才高地建设的实证探析——基于高被引科学家群体特征计量与政策分析[J]. 科技管理研究，2024，44（13）：31-41.

[62] 刘云，王雪静，郭栋. 新时代我国科技人才分类评价体系构建研究——以中国科协人才奖励为例[J]. 科学学与科学技术管理，2023，44（11）：15-26.

[63] 沈黎勇，王柏村，李拓宇."教育—科技—人才"一体驱动区域产业发展——密歇根大学"安娜堡模式"的探索与启示[J]. 高等工程教育研究，2024（4）：166-171.

[64] 李玲丽，杨华，谢黎. 国外女性STEM教育政策及实践进展研究[J]. 中国科学院院刊，2024，39（7）：1253-1263.

[65] 任保平，豆渊博. 以人的现代化为核心的人才强国战略及其政策创新[J]. 东南学术，2024（4）：22-30+247.

[66] 蔡文伯，龚杏玲. 我国高等教育、人力资本与科技创新的耦合协调研究[J]. 高校教育管理，2024，18（4）：13-29+59.

[67] 徐宗煌，蔡鸿宇，张伟，等. 我国科技安全系统耦合协调评价与驱动因素研究[J/OL]. 科技进步与对策，1-11[2024-10-07].

[68] 严雪雁，王茂福. 新质生产力驱动数字乡村建设高质量发展：理论逻辑与实践路径[J/OL]. 西安交通大学学报(社会科学版)，1-15[2024-10-07].

[69] 王良锦，辜穗，方峦，等. 油气企业科技创新人才价值溯源分成评估[J]. 天然气工业，2024，44（6）：142-151.

[70] 吴瑞君，李响，章梅芳，等. 充分激发人才在新质生产力发展中的引领驱动作用[J]. 技术经济，2024，43（6）：1-14.

[71] 李艳，陈佳颖，马琳. 科技人才工作获得感的组态路径研究——基于三维匹配的视角[J/OL]. 科学学研究，1-12[2024-10-07].

[72] 杨华云，张长声，贾鑫. 基于"区块链"高端人才产业地图建设研究——以邯郸市"532"产业人才为例[J]. 邯郸职业技术学院学报，2023，36（1）：14-16+32.

[73] 刘惠琴，牛晶晶，辜刘建. 倍增高质量发展：教育、科技、人才的协同融合[J]. 清华大学教育研究，2024，45（3）：31-36.

[74] 刘雷，李江涛，王征. 国家自然科学基金的人才持续激励效应研究[J]. 科研管理，2024，45（6）：146-154.

[75] 吴新辉，李想. 政策创新视角下公共部门人才分类与评价[J]. 中国人事科学，2023（5）：1-8.

[76] 陈萍，牛萍，徐辉，等. 中国科技专员服务企业评价机制的构建[J]. 科技管理研究，2024，44（12）：70-77.

[77] 罗银瑶，谢玉科. 中国共产党领导科技现代化的历史经验与时代指向[J]. 科学管理研究，2024，42（3）：10-17.

[78] 祝黄河，章晴. 中日科技现代化的比较研究及其启示[J]. 南昌大学学报（人文社会科学版），2024，55（3）：12-21.

[79] 马萧萧. 美国打造对华科技人才制裁联盟及其影响[J]. 现代国际关系，2024（6）：42-60+139-140.

[80] 程绍明. 青年科技人才分类评价指标体系构建[J]. 质量与市场，2022（18）：139-141.

[81] 彭术连，肖国芳. 科技自立自强背景下研究型大学有组织科研的逻辑、困境与进路[J]. 科学管理研究，2024，42（3）：26-34.

[82] 田军，刘阳，周琨，等. 陕西省科技人才评价指标体系与评价方法构建[J]. 科技管理研究，2022，42（4）：89-96.

[83] 阚明坤，沈阳. 教育、科技、人才一体化推进：规律、载体与路径[J]. 中国高等教育，2024（12）：25-28.

[84] 庄岩，刘洋. 高校"人才—平台—机制"协同强化国家战略科技力量的实践路径研究[J]. 中国高等教育，2024（12）：45-49.

[85] 杜江峰. 一流大学强化国家战略科技力量的路径探索[J]. 中国高等教育，2024（12）：15-19.

[86] 崔林蔚，陈悦，杨嘉敏. 双院院士的成长路径对战略科学家培育的启示[J/OL]. 科学学研究，1-15[2024-10-07].

[87] 路云军，张力，刘剑，等. 铁路科技人才胜任力模型构建研究[J]. 铁道运输与经济，2024，46（6）：153-160.

[88] 任友群. "双一流"大学何以发展新质生产力[J]. 国家教育行政学院学报，2024（6）：3-9+34.

[89] 杨小微. 以教育强国建设推进中国式现代化[J]. 教育发展研究，2024，44（11）：3.

[90] 刘杨,周建中. 终身教职制度对培养青年科技人才的影响机制——基于两所美国顶尖高校的分析[J]. 科技管理研究,2024,44（11）:148-154.

[91] 宋武全,李梦媛,李玲玲. 日本如何进行科技创新人才早期培养?——基于超级科学高中计划的实践考察[J]. 全球教育展望,2024,53（6）:103-114.

[92] 罗哲,唐迩丹. 我国人才政策的演变趋势与发展方向——基于CiteSpace知识图谱分析[J]. 软科学,2021,35（2）:102-108.

[93] 徐一渌. "教育、科技、人才"一体化推进的国际经验研究：基于国际教育枢纽建设的视角[J]. 江苏高教,2024（6）:108-117.

[94] 王雪梅. 创新型科技人才分类评价方法[J]. 科技导报,2021,39（21）:72-79.

[95] 牛可心,顾岩峰,刘永虎. 高质量职业教育何以赋能新质生产力提升：欧洲深度科技人才计划的经验及启示[J]. 职业技术教育,2024,45（16）:73-80.

[96] 贾立政. 教育、科技、人才一体化发展的四个关键[J]. 人民论坛,2024（10）:58-61.

[97] 李泽荃,张秋涵,祁慧. 应急人才钻石结构能力模型研究[J]. 中国应急管理,2021（10）:57-59.

[98] 韩坤. 人才流动背景下科技创业者角色分化的案例研究[J]. 社会建设,2024,11（3）:144-160.

[99] 梁会青,段世飞. 我国海外学术人才政策变迁研究——基于"倡议联盟框架"视角的分析[J]. 中国高校科技,2022（11）:50-57.

[100] 管培俊. 高等教育综合改革：关键、难点与方法论[J]. 中国高教研究,2024（5）:1-12.

[101] 李龙,霍强. 中国式现代化水平与教育、科技、人才支撑效应测度研究[J]. 学术探索,2024（8）:42-51.

[102] 周详,申素平. 学位法：教育、科技、人才一体化统筹推进的法治基石[J]. 中国高等教育,2024（10）:14-19.

[103] 李俊儒,李敏,张长玲. 国际视野下岗位、项目、资金配置一体化的高校科技人才组织模式探究[J/OL]. 重庆大学学报（社会科学版）,1-12[2024-10-07].

[104] 王焘,马亚雪,吴柯烨. 区域新兴产业创新生态系统联动效应对科技

人才流动的影响研究[J/OL]. 现代情报，1-18[2024-10-07].

[105] 李维思，文晓芬，李贵龙，等. 基于三层数据治理的青年科技人才知识图谱构建与应用实践——以湖南省科技管理系统为例[J/OL]. 现代情报，1-16[2024-10-07].

[106] 杨留花，石磊. 我国科技人才分类评价改革政策的演进及典型案例研究[J]. 中国科技人才，2021（1）：24-29.

[107] 郝玉明，张雅臻. 完善科技领军人才分类支持政策建议——基于7个发达省市22项政策的文本分析[J]. 行政管理改革，2021（9）：76-84.

[108] 王焰新，李琳，李素矿，等. 新时代高校教育、科技、人才一体化布局与科学基金发展策略[J]. 中国科学基金，2024，38（2）：232-237.

[109] 张文宇，刘嘉，杨媛，等. 基于改进KNN-DPC算法的科技创新人才分类研究[J]. 计算机与数字工程，2021，49（9）：1731—1736+1817.

[110] 张羽，王雪梅，李欣. 关于创新型科技人才分类评价指标体系构建的思考与建议[J]. 中国科技人才，2021（1）：7-17.

[111] 景安磊. 加快构建适应新质生产力需要的高校青年科技人才发展体系[J]. 中国高等教育，2024（9）：34-37.

[112] 洪军，王小华，王秋旺，等. 校企协同、产教融合卓越工程科技人才培养探索[J]. 高等工程教育研究，2024（3）：37-41+168.

[113] 孙锐，孙一平. 着力解决青年科技人才培育的现实问题——基于北京市调研情况分析[J]. 人民论坛，2024（8）：32-37.

[114] 张静，王宏伟，陈多思. 人才计划激发高层次科技人才的成就动机吗?[J]. 技术经济，2024，43（4）：51-63.

[115] 方芳，吕慧. 高等教育助推科技强国建设的价值旨归、现实挑战与关键策略[J]. 中国高教研究，2024（4）：23-31.

[116] 白思俊，刘书含，王晓颖. 基于点分配法、全一致性法、灰色关联分析的科技人才分类评价研究[J]. 科技管理研究，2024，44（8）：57-68.

[117] 赵世军，董晓辉. 论新时代推进科技现代化的主要挑战和实践路径[J]. 科学管理研究，2024，42（2）：2-9.

[118] 姜浩，邓峰. 创新型城市试点对企业数字化转型的政策效应及其传导机制——基于双重差分方法的准自然实验[J]. 科技管理研究，2024，44（8）：38-47.

[119] 高晓云，赵海东，狄宇. 西部高质量发展人才驱动机理与人才集聚策

略研究[J]. 科学管理研究, 2024, 42 (2): 128-136.

[120] 张晗. 青岛即墨区: "汽车产业人才地图" 促产才融合[J]. 中国人才, 2024 (2): 77.

[121] 常玮, 张颖. 基于岗位能力提升的科技人才岗位学习地图构建[J]. 科技资讯, 2017, 15 (22): 134-135.

[122] 柳美君, 杨杰, 杨斯杰, 等. 中国与 "一带一路" 沿线国家的科技人才流动研究[J/OL]. 科学学研究, 1-30[2024-10-07].

[123] 黄炳超. 粤港澳大湾区高校有组织科研的跨境协作机制研究[J]. 高校教育管理, 2024, 18 (3): 24-33.

[124] 李小球, 宋杰. 教育、科技、人才 "三位一体" 发展的内涵特征及其圈层体系构建研究[J]. 当代教育论坛, 2024 (3): 17-24.

[125] 李作学, 张传旺, 杨凤田. 中国人才管理研究知识图谱——基于 CNKI (1979~2019 年) 的文献计量[J]. 科学管理研究, 2021, 39 (2): 118-123.

[126] 梁若冰, 谢骐宇. 科举与科技: 基于人力资本的视角[J/OL]. 世界经济, 2024 (3): 30-65[2024-10-07].

[127] 金一然, 罗敏超, 魏强. 基于知识图谱的人才测评体系构建与应用研究[J]. 企业改革与管理, 2023 (8): 12-14.

[128] 龙梦晴, 邹慧娟. 高校科技人才流动的研究热点与展望——基于 CNKI 文献的知识图谱分析[J]. 环渤海经济瞭望, 2021 (9): 147-149.

[129] 倪秋萍, 唐远翔. 基于知识图谱的创新人才培养研究可视化分析[J]. 宜宾学院学报, 2021, 21 (4): 81-93.

[130] 戴妍, 黄佳攀. 教育强国建设的中国逻辑、核心要义与实践路径[J]. 教育与经济, 2024, 40 (2): 13-21.

[131] 王章豹, 杨寻. 习近平关于实现高水平科技自立自强重要论述的五维阐释[J]. 党的文献, 2024 (2): 24-33.

[132] 吴道友, 夏雨. 20 年中国科技人才激励政策研究的知识图谱分析[J]. 科技和产业, 2020, 20 (12): 90-96.

[133] 宋佳, 张民选. 印度 "教育科技人才" 协同战略——基于中印教育发展数据透视[J]. 比较教育研究, 2024, 46 (4): 14-24.

[134] 卓泽林, 周文伟, 黎泓燕. 面向科技自立自强的研究型大学科教融合: 时代要义、逻辑转向与实现进路[J]. 教育发展研究, 2024, 44 (7): 54-62.

[135] 黄永春，苏娴，陈成梦. 胜任力对职业成长的影响：基于青年科技人才视角的实证分析[J]. 现代管理科学，2024（2）：123-132.

[136] 蒋必凤. 基于行业调研的工程管理应用型人才课程地图构建[J]. 教育观察（上半月），2016，5（9）：59-61.

[137] 刘晓娟，谢瑞婷，孙馒莉，等. 高层次科技人才成长中的地区角色研究——以国家杰出青年科学基金获得者为例[J]. 科学学研究，2024，42（10）：2110—2121+2160.

[138] 包信和，李金龙，应验，等. 中国自主培养拔尖创新人才的战略考量与路径建议[J]. 中国高等教育，2024（7）：9-14.

[139] 林成华，张维佳. 世界主要发达国家 STEM 战略布局与借鉴建议[J]. 中国高等教育，2024（7）：59-64.

[140] 顾建军. 秉持教育、科技、人才一体推进理念为新质生产力发展提供教育基础[J]. 人民教育，2024（7）：11-15.

[141] 胡峰，李加陈，翟婧. 政策文本计量视角下科技人才政策分析与评价——基于"工具—效力"的二维框架[J/OL]. 情报科学，1-22[2024-10-07].

[142] 曲建升，黄珂敏，刘昊. 开放科学背景下科学基金推动教育、科技、人才一体化发展的探讨[J]. 中国科学基金，2024，38（2）：254-262.

[143] 侯剑华，郑碧丽，李文婧. 基础研究支撑教育、科技、人才"三位一体"发展战略探讨[J]. 中国科学基金，2024，38（2）：238-247.

[144] 瞿振元. 教育、科技、人才一体化与高等教育变革[J]. 中国人民大学教育学刊，2024（2）：5-13+3.

[145] 郑永和，杨宣洋，苏洵. 大科学教育新格局：学段一体化建构与实施路径[J]. 远程教育杂志，2024，42（2）：20-25.

[146] 乔黎黎，任志鹏. 推动教育、科技、人才一体化布局[J]. 宏观经济管理，2024（3）：60-67.

[147] 卢建军. 坚持产学研深度融合教育科技人才一体化推动新质生产力发展[J]. 中国高等教育，2024（6）：34-36.

[148] 王宇环，季正聚. 以创新引领教育强国建设的若干思考[J]. 中国高等教育，2024（6）：4-7.

[149] 潘建红. 营造促进青年科技人才创新的良好生态[J]. 人民论坛，2024（5）：49-51.

[150] 杨云霞. 为科技强国提供坚实人才支撑[J]. 人民论坛，2024（5）：52-54.

[151] 阎凤桥. 从知识角度谈教育、科技、人才综合改革[J]. 国家教育行政学院学报，2024（3）：3-5.

[152] 周江林. 教育、科技、人才一体化发展的历史镜鉴和时代回应[J]. 国家教育行政学院学报，2024（3）：6-10.

[153] 王传超. 1949—1950年自然科学工作者"总登记"及其数据的分析[J]. 中国科技史杂志，2024，45（1）：54-66.

[154] 田贤鹏，林巧. 科技革命演进中的世界高等教育中心转移及其特征[J]. 重庆高教研究，2024，12（4）：55-67.

[155] 何科方. 省实验室科技人才生态建构——以之江实验室的发展为例[J]. 科学学研究，2024，42（9）：1833-1842.

[156] 罗蓉. 统筹推进深层次改革和高水平开放[J]. 红旗文稿，2024（5）：21-23+1.

[157] 刘思晴，彭薇. 国际视野下人才预测的知识图谱研究——基于WOS和CSSCI的联合对比分析[J]. 桂林航天工业学院学报，2023，28（2）：251-261.

[158] 石磊，熊嘉慧，李金雨，等. 政策工具视角下中国科技人才政策量化分析[J]. 科技管理研究，2024，44（5）：22-31.

[159] 陈力，于磊，杭磊，等. 创新生态竞争视角下新型研发机构发展策略研究[J]. 科技管理研究，2024，44（5）：65-71.

[160] 薛雅，张昍昱，张宓之. "揭榜挂帅"机制视角下的人才评价体系探析[J]. 科技管理研究，2024，44（5）：132-139.

[161] 牛桂芹，曹茂甲. 中国青年科技人才发展需求探索[J]. 科技管理研究，2024，44（5）：140-149.

[162] 薛姝惠. 基于组合模型的内蒙古科技创新人才需求预测研究[D]. 内蒙古科技大学，2022.

[163] 王森，杨娟，张瑜，等. 新形势下青年科技骨干人才培养路径探析——以江苏省农业科学院为例[J]. 江苏农业科学，2024，52（5）：250-255.

[164] 姚郁. 以"新工科"建设为牵引培育海洋领域科技领军人才[J]. 中国高等教育，2024（5）：12-16.

[165] 曾勇. 构建高水平科教融汇的内在逻辑与路径探索[J]. 中国高等教育，2024（5）：17-21.

[166] 马宏伟. 瞄准新型工业化本质加快现代产业学院迭代创新[J]. 中国高

等教育，2024（5）：22-25.

[167] 任俊. 新基建产业核心领域人才需求预测研究[D]. 成都：四川大学，2021.

[168] 李静，姚东旻. 财政视角下国家创新体系的有效转型[J]. 改革，2024（2）：89-103.

[169] 陈元刚，黎楚. 人才引进政策对我国经济增长的影响研究——采用双重差分法的实证检验[J]. 商业观察，2024，10（15）：47-52+75.

[170] 白鑫，艾希. 粤港澳大湾区人才高地建设背景下港澳人才与内地人才引进政策比较研究[J]. 科技管理研究，2024，44（10）：49-56.

[171] 李雪敏，祝宏涛，王菲菲. 基于CiteSpace知识图谱的新财经人才培养模式研究[J]. 对外经贸，2024（3）：107-110.

[172] 邹克，王尧. 科技金融政策何以影响科技产业集聚发展?[J]. 南京财经大学学报，2024（1）：1-11.

[173] 薛栋. 智能制造数字化人才分类体系及其标准研究——美国DMDII的数字人才框架启示[J]. 江苏高教，2021（3）：68-75.

[174] 彭梦瑶. 湖南省科技创新人才需求预测及发展对策研究[D]. 长沙：湖南师范大学，2020.

[175] 马威，莫雪妮，郑光珊，等. 基于可视化知识图谱的中医学专业人才培养研究热点与前沿分析[J]. 黑龙江科学，2024，15（3）：50-53.

[176] 龚丽鑫，钮晓音. 基于知识图谱的医学人才培养可视化分析及思考[J]. 医学教育管理，2023，9（3）：389-396.

[177] 刘思晴，彭薇. 国际视野下人才预测的知识图谱研究——基于WOS和CSSCI的联合对比分析[J]. 桂林航天工业学院学报，2023，28（2）：251-261.

[178] 沈运红，杨金华. 数字经济、科技创新与制造业转型升级[J]. 统计与决策，2024，40（3）：16-21.

[179] 史少杰，郭静. 教育、科技、人才一体化发展视角下职业教育高质量发展的战略任务与基本路径[J]. 现代教育管理，2024（3）：118-128.

[180] 宋宪萍，于文卿. 厚植新发展格局的现代化产业体系构建[J]. 甘肃社会科学，2024（1）：183-192.

[181] 刘辉，梁洪力. 基于价值传导视角的科技人才评价改革机制研究[J]. 中国科技论坛，2024（2）：158-167.

[182] 赵雪. 科技人才聚集、科技产出与绿色 GDP 的互动关系研究——以京津冀区域为例[J]. 生态经济，2024，40（2）：67-74.

[183] 张黎，周霖. 面向中国式现代化：构建高质量科学教育体系的理论辨识与战略设计[J]. 现代远距离教育，2023（6）：25-32.

[184] 郑建. 以新质生产力推动农业现代化：理论逻辑与发展路径[J]. 价格理论与实践，2023（11）：31-35.

[185] 卢琳，张毅，张洪潮. 山西省引进海外高层次人才政策分析——基于系统动力学方法[J]. 中国人事科学，2020（12）：50-61.

[186] 姚宇华，黄明东. 建设新型高水平理工科大学：概念界定、战略需求与行动路径[J]. 现代大学教育，2024，40（1）：100-110.

[187] 李建伟，段彩虹. 金融科技何以驱动企业数字化转型——基于有为政府和有志企业协同的视角[J]. 北京联合大学学报（人文社会科学版），2024，22（1）：66-81.

[188] 杨慧慧，刘晖. 科技人才集聚对中国经济高质量发展的影响[J]. 科技管理研究，2024，44（2）：61-69.

[189] 韩喜平. 社会主义现代化建设的教育、科技、人才战略——《习近平新时代中国特色社会主义思想概论》第七章逻辑体系与教学建议[J]. 思想理论教育导刊，2024（1）：13-20.

[190] 张再生，杨庆. 海外高端人才政策评估及优化对策研究[J]. 天津大学学报（社会科学版），2016，18（2）：123-128.

[191] 李玲玲，李梦媛. 日本超级科学高中培养拔尖创新人才的经验与启示[J]. 人民教育，2024（2）：74-78.

[192] 沈坤荣，金童谣，赵倩. 以新质生产力赋能高质量发展[J]. 南京社会科学，2024（1）：37-42.

[193] 李立国. 教育、科技、人才一体化背景下高教人才培养改革逻辑与路径[J]. 国家教育行政学院学报，2024（1）：3-10.

[194] 郑玉. 先进制造业关键核心技术缺失的现实表现与中国应对[J]. 企业经济，2024，43（1）：65-76.

[195] 殷佳隽，邓梦芸. 地方政府引进海外高层次人才政策创新探究——以广西壮族自治区为例[J]. 人才资源开发，2017（12）：7-9.

[196] 王臻，李栋亮，谈力，等. 新时期深化广东科技援疆工作的思考——基于科技创新平台建设的视角[J]. 科技管理研究，2024，44（1）：61-66.

[197] 何帅，陈良华，迟颖颖. 新型科研机构创新绩效驱动因素的动态仿真研究[J]. 科技管理研究，2024，44（1）：77-86.

[198] 李杨. 科技治理范式下的人才评价：理论指向与实践进路[J]. 中国科技论坛，2024（1）：93-104.

[199] 张润强，孟凡蓉，梅苹苹. 柔性科技智库：概念、机理与评价——以中国科协全国学会智库为例[J]. 中国科技论坛，2024（1）：137-146.

[200] 张会庆. "三位一体"引领下中国式高等教育高质量发展的系统逻辑与行动路向[J]. 黑龙江高教研究，2024，42（1）：9-16.

[201] 张飞龙，马永红，张凤. 参与国家重大科技项目提高理工科研究生科研能力的路径研究[J]. 中国科技论坛，2024（1）：105-115.

[202] 张新亮. 纾解青年科技人才成长之困关键在于创新评价方式[J]. 中国高等教育，2024（1）：42-46.

[203] 章俊良. 全方位谋划基础学科拔尖人才自主培养体系[J]. 中国高等教育，2024（1）：9-12.

[204] 李玲玲，康校博，白玉，等. 以色列跨学科科技人才培养实践探索——基于特拉维夫大学"高科技数字科学学士学位"的考察[J]. 高等工程教育研究，2024（1）：190-195.

[205] 李维思，文晓芬，李贵龙，等. 基于三层数据治理的青年科技人才知识图谱构建与应用实践——以湖南省科技管理系统青年科技人才为例[J]. 现代情报，2024，44（10）：103-114.

[206] 王海伦. 破解高层次人才引进难题[J]. 人力资源，2024（17）：142-143.

[207] 夏杰长，袁航. 海外科技创新人才引进与中国产业升级[J/OL]. 广东社会科学，1-14[2024-10-07].

[208] 谢忠强，李晨晖. 列宁的科技自强思想及其现实启示[J]. 学校党建与思想教育，2023（24）：12-15.

[209] 肖贵清，唐奎. 论中国式现代化进程中教育、科技、人才一体化建设[J]. 山东大学学报（哲学社会科学版），2024（1）：1-10.

[210] 刘颖. 中国式现代化进程中教育、科技、人才"三位一体"的守正创新[J]. 中国矿业大学学报（社会科学版），2024，26（2）：11-22.

[211] 利斃，张体勤. 基于获得感的科技创新人才激励优化新探[J]. 自然辩证法研究，2023，39（12）：62-68.

[212] 于祥成. 推动青年科技人才更好更快成长为国家战略科技人才[J]. 中国高等教育，2023（24）：17-21.

[213] 林如鹏. 面向国家战略需求提升青年科技人才供给的自主可控能力[J]. 中国高等教育，2023（24）：22-26.

[214] 王思懿. 中国如何建设世界重要人才中心和创新高地[J]. 重庆高教研究，2024，12（2）：14-24.

[215] 戴静超，张滨. "政产学研金行介"深度融合下各创新主体对科技人才培育的影响作用研究[J]. 科技管理研究，2023，43（23）：185-194.

[216] 黄云鹏，顾海兵. 中西部经济中心城市确定的实证分析[J]. 数量经济技术经济研究，1997（9）：29-36.

[217] 唐燕. 新发展格局下重庆产业高质量发展逻辑与路径分析[J]. 商业经济，2023（7）：59-61+162.

[218] 高悦，张向前. 世界重要人才中心和创新高地发展模式研究[J]. 中国科技论坛，2023（12）：8-16.

[219] 鲍明飞. 海外人才政策变迁的逻辑及内在价值研究[D]. 上海：上海交通大学，2019.

[220] 段屹东，李杨. 多层次冲突模型：科技政策执行梗阻问题分析框架[J]. 科技进步与对策，2024，41（11）：152-160.

[221] 羿宗哲，李袁，杨正琳. 关于完善东北地区吸引海外留学归国人才政策及环境的思考和建议[J]. 辽宁省社会主义学院学报，2019（1）：33-37.

[222] 欧小军. 粤港澳大湾区高水平人才高地建设若干问题探讨[J]. 中国高校科技，2023（11）：37-41.

[223] 刘嘉元. 重庆工业优势产业的选择与发展研究[J]. 科学咨询（科技·管理），2024（1）：1-4.

[224] 丁鹏. 深圳市引进海外高层次人才政策执行问题研究[D]. 深圳：深圳大学，2020.

[225] 梁建春，向红. 重庆人才供需现状及人才需求预测和培养建议[J]. 教育教学论坛，2013（17）：179-180.

[226] 罗杰，周鹏飞. 重庆装备制造业人才需求实证预测与政策建议[J]. 西北人口，2016，37（6）：63-69.

[227] 吴伟，陈凯华，李佳伲. 以教育、科技、人才一体化发展提升高校基础研究能力[J]. 中国高等教育，2023（22）：33-36.

[228] 陈宇学. 教育、科技、人才协同推动高质量发展问题研究[J]. 理论学刊, 2023（6）: 144-151.

[229] 邹娜, 李小青. 区域科技人才开发效率测度与影响因素研究——基于EBM-ML-Tobit模型[J]. 云南大学学报（社会科学版）, 2023, 22（6）: 112-121.

[230] 王雪玲. 中国地方政府间政策创新扩散的动力机制研究[D]. 杭州: 浙江大学, 2020.

[231] 李慧英. 基于灰色理论的长三角生物医药产业人才需求预测研究[J]. 江苏科技信息, 2021, 38（27）: 21-23.

[232] 孙锐. 构建人才引领驱动高质量发展战略新布局[J]. 人民论坛·学术前沿, 2023（21）: 76-87.

[233] 张萍, 李月星, 刘军. 创新型城市建设对科技人才创新绩效的影响——基于多时点双重差分法的检验[J]. 中国科技论坛, 2023（11）: 139-147+159.

[234] 金晓雯, 陈静, 陆春其. 基于灰色理论和多元回归分析方法的江苏交通技能人才需求预测[J]. 江苏航运职业技术学院学报, 2022, 21（3）: 55-61.

[235] 王晶莹, 周丹华, 张栩凡, 等. 科学高阶思维缘何成为科技创新后备人才培养的灵魂？——基于"做题家"与"实干家"脑电实验的个案叙事研究[J]. 现代远距离教育, 2023（5）: 24-32.

[236] 骆永菊, 王珞. 重庆市大健康产业人才需求回归预测模型的构建研究——基于主成分分析法的视角[J]. 重庆开放大学学报, 2022, 34（5）: 69-80.

[237] 白强. 建设世界科技强国的驱动逻辑、关键路径与中国突破——基于英德美建设世界科技强国的历史考察[J]. 中国科学院院刊, 2023, 38（10）: 1447-1458.

[238] 阎光才. 学校教育与科技人才培育[J]. 中国高教研究, 2023（10）: 17-24.

[239] 瞿群臻, 王嘉吉, 唐梦雪, 等. 基于组合模型的"十四五"期间中国科技人才需求预测[J]. 科技管理研究, 2021, 41（21）: 129-135.

[240] 张玉娇, 苑怡, 冯勇, 等. 基础研究人才计划项目绩效评价方法与实证——以"三青"项目为例[J]. 科学学与科学技术管理, 2023, 44（11）: 3-14.

[241] 刘云，王雪静，郭栋. 新时代我国科技人才分类评价体系构建研究——以中国科协人才奖励为例[J]. 科学学与科学技术管理，2023，44（11）：15-26.

[242] 孙彦玲，孙锐. 科技人才评价的逻辑框架、实践困境与对策分析[J]. 科学学与科学技术管理，2023，44（11）：46-62.

[243] 林芬芬，邓晓. 构建使命导向的科技人才评价体系研究[J]. 科学学与科学技术管理，2023，44（11）：27-36.

[244] 徐芳，晋新新，刘杨，等. 我国科技人才评价的问题与建议——基于内部绩效管理与外部人才选拔的维度[J]. 科学学与科学技术管理，2023，44（11）：37-45.

[245] 徐明. 基于人才集聚的科技政策对关键核心技术攻坚的影响——以北京市为例[J]. 北京社会科学，2023（10）：21-33+128.

[246] 施一公. 立足教育、科技、人才"三位一体"探索拔尖创新人才自主培养之路[J]. 国家教育行政学院学报，2023（10）：3-10.

[247] 苏涛永，王柯. 产学研合作与企业数字化转型：内在机制与作用后果——基于中国上市公司的经验证据[J]. 商业经济与管理，2023（10）：5-22.

[248] 刘欣，赵红运. 中国计算机科技领域杰出人才群体特征的计量研究[J]. 自然辩证法通讯，2023，45（11）：97-105.

[249] 杨丽乐. 新加坡高校卓越科技人才培养的多重创新效应与复合路径走向[J]. 科技管理研究，2023，43（19）：97-106.

[250] 李欣，马文雅，林芬芬. 基于政策多维度分析的中国科技人才政策量化研究[J]. 中国科技论坛，2023（10）：105-118.

[251] 黄超. 基于文本分析的北京市海外人才政策目标模糊测评及对策研究[D]. 北京：首都经济贸易大学，2020.

[252] 葛世荣. 加快培育国家青年科技人才推进高等教育高质量发展[J]. 中国高等教育，2023（19）：1.

[253] 郑永和，苏洵，谢涌，等. 全面落实做好科学教育加法构建大科学教育新格局[J]. 人民教育，2023（19）：12-16.

[254] 姜芮，孟令航，刘帮成. 科技创新人才集聚度与区域经济高质量发展的空间特征——基于空间计量和面板门槛模型的实证分析[J]. 经济问题探索，2023（10）：59-72.

[255] 孙文浩，张杰. 高铁网络增密有利于城市共同富裕吗——来自高新技术企业人才集聚的证据[J]. 财经科学，2023（10）：72-86.

[256] 王勇. 奋力书写教育强国建设的高校答卷[J]. 红旗文稿，2023（18）：37-39.

[257] 陈亮. 中国式高等教育现代化的生成逻辑、责任担当与未来构想[J]. 西北师大学报（社会科学版），2023，60（6）：19-30.

[258] 汤超颖，徐家冰，毛适博. 两类科技人才成长环境差异性的模糊组态分析[J]. 科学学研究，2024，42（8）：1656-1665.

[259] 秦进，谈世鑫，沈义竹，等. "一带一路"科技创新人才培养：中国优势、挑战与关键路径[J]. 中国科学院院刊，2023，38（9）：1325-1342.

[260] 罗静，屈静雯，杨睿娟. 组合模型下陕西科技人才需求数量预测[J]. 科技和产业，2023，23（5）：19-24.

[261] 于海波. 北京市培养关键核心技术人才的理路与机制[J]. 北京社会科学，2023（9）：24-34.

[262] 权丽. 基于灰色理论的河南省高技术产业关键人才需求预测及精准化管理策略[J]. 现代工业经济和信息化，2023，13（5）：1-3.

[263] 王晓颖，苟小义，曾波. 灰色组合预测模型优化及科技人才需求预测[J]. 西部论坛，2023，33（3）：94-107.

[264] 夏海力，李雨璇. 科技人才集聚对区域绿色创新绩效的影响研究——基于空间杜宾模型的实证分析[J]. 生态经济，2023，39（9）：58-67.

[265] 芮绍炜，康琪，操友根. 科技自立自强背景下加强战略科技人才培养与梯队建设研究——基于上海实践[J]. 中国科技论坛，2023（9）：28-37.

[266] 易志恒，平先秉. 基于ARMA模型的湖南基层卫生技术人才规模需求预测[J]. 中国农村卫生，2023，15（8）：38-41.

[267] 刘在洲，汪发元. 教育、科技、人才一体推进的内在逻辑与实践方略[J/OL]. 中南民族大学学报（人文社会科学版），1-10[2024-10-07].

[268] 张奔，王晓红，赵美琳. 科研产出特征对拔尖科技人才成长的影响研究[J]. 科学学研究，2024，42（7）：1449-1460.

[269] 宋永辉，袁蕾涵，李春东，等. 中国卓越青年科学家成长特征与科研产出规律研究——来自"科学探索奖"获得者的证据[J]. 科学管理研究，2023，41（4）：105-116.

[270] 张羽飞，刘兵，原长弘. 关键核心技术突破：概念辨析、影响因素与

组织模式[J]. 科学管理研究，2023，41（4）：23-32.

[271] 崔祥民，张子煜，裴颖慧. 江苏省"科技人才-科技创新-经济发展"复合系统协同发展评价体系构建及其协同发展水平评价分析[J]. 科技管理研究，2023，43（16）：52-62.

[272] 金俊俊，徐念峰，刘备，等. "双碳"背景下新能源汽车产业趋势与技能人才需求预测[J]. 中国职业技术教育，2024（19）：74-84.

[273] 饶玉婕，成楚洁，许世建. 教育、科技、人才一体化发展视阈下技能型社会建构的系统性思考[J]. 职教论坛，2023，38（8）：14-20.

[274] 柴益琴. 基于回归模型的山西省科技人才需求预测[J]. 经济师，2024（7）：257-258+263.

[275] 金雄. 新时代人才战略思想的理论渊源与价值取向[J]. 社会科学战线，2023（6）：253-257.

[276] Grundy T. Human resource management—a strategic approach[J]. Long range planning，1997，30：474-517.

[277] Tyson S. Human resource strategy：a process for managing the contribution of HRM to organizational performance[J]. International journal of human resource management，1997，8：277-290.

[278] Dyer L，Reeves T. Human resource strategies and firm performance：what do we know and where do we need to go?[J]. International journal of human resource management，1995，6：656-670.

[279] Mahoney，J T，Wright P. Human resource strategy：formulation，implementation, and impact [J]. Academy of management review，2000，25：883-885.